Mohammed Sghaïer Zaafouri

Reafectação dos ecossistemas naturais

Mohammed Sghaïer Zaafouri

Reafectação dos ecossistemas naturais

As zonas áridas e desérticas da Tunísia

ScienciaScripts

Imprint

Any brand names and product names mentioned in this book are subject to trademark, brand or patent protection and are trademarks or registered trademarks of their respective holders. The use of brand names, product names, common names, trade names, product descriptions etc. even without a particular marking in this work is in no way to be construed to mean that such names may be regarded as unrestricted in respect of trademark and brand protection legislation and could thus be used by anyone.

Cover image: www.ingimage.com

This book is a translation from the original published under ISBN 978-620-6-70920-6.

Publisher:
Sciencia Scripts
is a trademark of
Dodo Books Indian Ocean Ltd. and OmniScriptum S.R.L publishing group

120 High Road, East Finchley, London, N2 9ED, United Kingdom
Str. Armeneasca 28/1, office 1, Chisinau MD-2012, Republic of Moldova, Europe
Printed at: see last page
ISBN: 978-620-7-99022-1

Conteúdo

RESUMO

A reafectação é uma técnica aplicada aos ecossistemas naturais que atingiram o limiar irreversível (ecossistemas degradados ou desertificados) em que o restauro ou a reabilitação não conseguem reconstruir o ecossistema original. Esta técnica baseia-se na introdução de espécies alóctones e conduz geralmente a um novo ecossistema diferente do pré-existente, designado por "ecossistema construído".

Nas zonas áridas e desérticas da Tunísia, sob o bioclima árido mediterrânico e saariano, a degradação dos ecossistemas naturais atingiu o ponto de irreversibilidade, e as técnicas de restauração ou de reabilitação já não podem devolver esses ecossistemas ao seu estado inicial. Por conseguinte, recorre-se frequentemente à técnica de reflorestação com arbustos alóctones introduzidos.

O limite bioclimático para o sucesso da reafectação dos ecossistemas naturais nas zonas áridas e desérticas da Tunísia é o sub-bosque inferior do bioclima mediterrânico árido. E o limite climático é uma pluviosidade anual de pelo menos 150 mm. Estas condições bioclimáticas e climáticas devem ser satisfeitas em situações geomorfológicas e caraterísticas edáficas muito específicas (planícies, depressões, leitos de wadi, solos profundos, baixos níveis de calcário ativo e de sais, *etc.*). No entanto, estas situações geomorfológicas e caraterísticas edáficas favoráveis à produção vegetal são cada vez mais utilizadas para as culturas alimentares (arboricultura e horticultura).

O sucesso da técnica de reafectação de ecossistemas naturais em zonas áridas e desérticas é geralmente problemático. O custo económico da instalação e da proteção dos arbustos alóctones introduzidos é elevado. Por outro lado, o seu sucesso, sobrevivência e produção continuam a ser muito limitados.

Palavras-chave: zonas áridas e desérticas, Tunísia, reafectação, arbustos alóctones, *Acacia saligna*

INTRODUÇÃO E QUESTÕES GERAIS

ème Os ecossistemas naturais da Tunísia, nomeadamente nas **zonas áridas e desérticas**, sofreram profundas alterações desde meados dos anos 60 do século XX, que perturbaram o seu equilíbrio dinâmico. As tentativas de reformulação das políticas de desenvolvimento desde a independência (1956), nomeadamente no sector agrícola, tiveram um impacto notável no modo de vida da população e, consequentemente, na utilização dos recursos naturais (vegetação, água e solo). A mudança gradual e sustentada no estilo de vida da população teve um impacto claro na forma como os recursos naturais são explorados e utilizados (Zaâfouri et al., 2016).

As zonas áridas e desérticas abrangidas pelo presente estudo, designadas por Coque (1962) como **Tunísia pré-saariana**, situam-se entre as isoietas pluviométricas de 100 mm/ano e 200 mm/ano.

ème Os ecossistemas das zonas áridas e desérticas da Tunísia estavam em **equilíbrio dinâmico** antes dos anos 60 do século XX. Este equilíbrio dinâmico, simultaneamente regressivo e progressivo, deve-se ao modo de exploração e de utilização dos recursos naturais. ème Até meados dos anos 60 do século XX, a única forma de utilização dos recursos naturais dos ecossistemas na Tunísia era, de um modo geral, a pastorícia e a cerealicultura, limitadas no tempo e no espaço e praticadas ocasionalmente. Nestas zonas áridas e desérticas, o nomadismo praticado por uma população pastoril e um pequeno rebanho permitia reconstituir, mais ou menos rapidamente, os recursos naturais dos ecossistemas. O seu equilíbrio dinâmico traduzia-se então por uma degradação relativamente moderada (dinâmica regressiva) devido ao pastoreio. Após alguns meses de repouso vegetativo devido à transumância dos rebanhos, a reconstituição (dinâmica progressiva), mais ou menos rápida, era possível.

Várias políticas de desenvolvimento foram aplicadas na Tunísia pelos sucessivos governos desde a independência (Fig. 1): desde a **"ausência de uma política clara"** até ao início de 1960 até ao regime **de "economia liberal"** a partir do início de 1970, passando pelo regime **"cooperativo"** de meados até ao final dos anos 60 (1964-1970), conhecido pelo nome árabe **"Taâdhed"**. Estas tentativas de políticas de desenvolvimento conduziram a profundas alterações no modo de vida das populações e, consequentemente, na forma como os recursos naturais e os ecossistemas eram explorados e utilizados (Fig. 1).

ème Os ecossistemas das zonas áridas e desérticas da Tunísia permaneceram, durante os anos 70 e 80 do século XX, num estado de ameaça de extinção, tal como definido pela UICN (1997 e 1998), **"Vulnerável"**. Por outras palavras, devido ao sobrepastoreio e à destruição dos seus habitats por diversos usos, os ecossistemas corriam o risco de cair nas categorias de "**Em perigo**" a curto prazo e **"Extintos"** a médio prazo. èmeème E foi o que aconteceu desde os anos 90 do século XX até ao início do século XXI.

ème A partir de meados dos anos 60, assistiu-se a uma mudança geral do modo de vida na Tunísia (Fig. 1): o que era uma população nómada e pastoril até ao início dos anos 70 passou a ser uma população camponesa, depois uma população rural (Attia, 1977) e, finalmente, uma população urbana moderna a partir do início do século XXI (Zaâfouri et al., 2016). Esta mudança de estilo de vida transformou gradualmente o modo de exploração dos recursos naturais: **da agricultura extensiva** para a **agricultura intensiva** (Zaâfouri et al., 2016). As consequências desta transformação foram prejudiciais para o equilíbrio dinâmico e a sustentabilidade dos ecossistemas naturais da Tunísia em geral. Devido à fragilidade dos ecossistemas nas zonas áridas e desérticas, o impacto destas políticas de desenvolvimento agrícola foi muito notório nos recursos naturais dos ecossistemas (Fig. 1).

Dinâmica dos estilos de vida, políticas e sistemas operativos

Período	1960 1S 1964		>701980199020 1985	OO 2020
Estilos de vida	População nómada e pastoril		Camponeses e população rural	População urbana em vias de modernização
Políticas de desenvolvimento agrícola	Não existe uma política claramente definida	Cooperativa "Taâdhed	"Liberal": investimentos e subsídios estatais para desenvolver o sector agrícola e intensificar a produção agrícola.	desenvolvimento
IJ Sistemas de exploração dos ecossistemas naturais	Pastoreio e cerealicultura episódica	Passagem a uma agricultura mista: pastagem e olivicultura	Início da criação de : Intensificação da criação de poços de superfície j de poços de superfície Desenvolvimento de ■ Intensificação da horticultura de mercado irrigada horticultura de mercado irrigada : :: Criação de Perfuração	Arboricultura irrigada e horticultura comercial Recuperação da cultura da oliveira
			1/2 século de exploração intensiva dos ecossistemas naturais (1970-2020)	
Estado dos ecossistemas naturais	Equilíbrio dinâmico		Início da perturbação a partir de : Intensificação da perturbação a partir de equilíbrio dinâmico : : equilíbrio dinâmico : a/ em perigo : a/ limiar de irreversibilidade ecossistemas de planície■ ecossistemas de planície b/ Vulnerável : b/ Em perigo outros tipos de ecossistemas: outros tipos de ecossistemas	

Alteração dos ecossistemas naturais

Figura 1: A relação entre a sustentabilidade dos ecossistemas naturais, a evolução dos estilos de vida, os sistemas agrícolas e as políticas de desenvolvimento agrícola na região pré-saariana da Tunísia.

Baseado em Zaâfouri et *al* (2016), modificado (2024)

A pastorícia, herança muito antiga, tornou-se cada vez mais sustentada (sobrepastoreio) e as culturas arbóreas de sequeiro e as culturas cerealíferas de sequeiro intensificaram-se (Fig. 1) na sequência da sedentarização e da limitação da transumância da população anteriormente nómada. O equilíbrio dinâmico dos ecossistemas naturais, embora frágil, está a tornar-se cada vez mais frágil.

As consequências da política de cooperação **"Taâdhed"** foram desastrosas para a sustentabilidade dos ecossistemas naturais, com a diminuição das superfícies e a interrupção do desenvolvimento progressivo.

É o início da degradação qualitativa e quantitativa dos ecossistemas naturais da Tunísia,

nomeadamente nas zonas áridas e desérticas.

Após o fracasso da política **"Taâdhed"** de 1970 do falecido "superministro" Ahmed BEN SALAH (ministro da Saúde Pública, dos Assuntos Sociais, do Planeamento e das Finanças e da Educação Nacional, com um zeloso direito de tutela sobre o Ministério da Agricultura), instalou-se um novo regime no país. É a época da **"economia liberal"** do falecido primeiro-ministro Hédi NOUIRA (19701980), que marcou a Tunísia até aos dias de hoje. Durante esta década, o principal objetivo desta política era intensificar a agricultura de produção de alimentos para satisfazer as necessidades alimentares de uma população camponesa e rural ameaçada pela fome e pelo crescimento demográfico.

O principal objetivo da política de desenvolvimento deste "poderoso" Primeiro-Ministro e dos seus sucessores era melhorar o nível de vida da população através da intensificação da produção agrícola. Esta política **"liberal"** baseava-se em grandes **investimentos** e **subsídios** do Estado para desenvolver o sector agrícola (pecuária, arboricultura, cerealicultura, culturas de regadio). Infelizmente, o aspeto ambiental foi negligenciado nesta política, tendo-lhe sido atribuída pouca importância, tal como em todos os outros sectores económicos. A alteração da utilização dos recursos naturais, incentivada **deliberadamente** por sucessivos governos, inconscientes da necessidade de uma gestão sustentável do ambiente e preocupados em melhorar o nível de vida de uma população pobre e em declínio, contribuiu para a deterioração geral dos ecossistemas naturais na Tunísia.

O impacto das políticas de desenvolvimento agrícola foi muito persistente nos ecossistemas naturais das zonas áridas e desérticas da Tunísia, há muito vulneráveis tanto em termos de vegetação natural como de água e solo (Zaâfouri et *al.*, 2016). A degradação destes ecossistemas naturais é acentuada pela aridez climática (9 meses/ano a 12 meses/ano) e pela aridez edáfica (7 meses/ano a 9 meses/ano).

A política de planificação do <u>Estado e para o Estado</u> **(cooperativismo), seguida da política de intensificação da produção agrícola através de** <u>investimentos e subsídios estatais,</u> **transformou progressivamente os ecossistemas naturais tunisinos em sistemas agrícolas "agro-ecossistemas".**

As alterações da organização social e dos sistemas agrícolas e de produção, consequências de políticas aplicadas sem ter em conta o papel do ambiente no contexto do desenvolvimento sustentável, provocaram perturbações importantes no equilíbrio dinâmico dos ecossistemas naturais das zonas áridas e desérticas da Tunísia (Chaieb, 1991; Auclair e Zaâfouri 1996; Picouet et *al.*, 1998, Tbib et *al.*, 2000; Chaieb e Zaâfouri, 2000. Zaâfouri et *al.*, 2016). O mesmo se aplica a todos os ecossistemas naturais do país.

[ème]A partir de meados dos anos 70 do século XX (Fig. 1), os perímetros de regadio estatais e, sobretudo, privados, multiplicaram-se nos espaços ocupados pelos ecossistemas naturais: **é a época da antropização propriamente dita.** Os ecossistemas naturais potencialmente férteis das planícies fracturaram-se em meso-ecossistemas e foram progressivamente transformados em agro-ecossistemas ou sistemas "ágar" (no sentido de Duvigneaud, 1974).

[ème]**O equilíbrio dinâmico dos ecossistemas naturais que prevalecia antes da década de 1960 foi completamente destruído desde o final do século XX.**

A intensificação da agricultura de subsistência, incentivada deliberadamente pelo Estado, ao longo de meio século (1970-2020) teve consequências nefastas para os ecossistemas naturais (degradação e mesmo desaparecimento). Os ecossistemas de planície tornaram-se **ameaçados** e alguns foram completamente **extintos** (Fig. 1). Os ecossistemas sujeitos ao regime florestal, os que se encontram em terrenos comunais e em terrenos marginais biologicamente improdutivos, estão a evoluir progressivamente para o estatuto de "**Em Perigo**" (Fig. 1).

[ème]A pressão antropozoica (extensão da agricultura, desbravamento e sobrepastoreio) exercida sobre os ecossistemas naturais da Tunísia, em geral, tornou-se cada vez mais intensa e sustentada a partir de meados dos anos 70 do século XX: **é a época da extensão dos agro-ecossistemas e o início da regressão dos ecossistemas naturais**.

A intensificação da agricultura, sem ter em conta o desenvolvimento sustentável, conduziu ao desaparecimento de vastas zonas de ecossistemas naturais na Tunísia. O sobrepastoreio do gado nas pastagens das zonas áridas e desérticas (ecossistemas naturais) agravou a degradação quantitativa e qualitativa. [8][8] Estes ecossistemas pastoris naturais, que cobrem cerca de 2,7 milhões de hectares na zona de estudo, apenas podem produzir 0,18,10 UF/ano (30 UF/ha/ano), ou seja, 15% das necessidades dos ovinos, caprinos e camelos, estimadas em 5,28,10 UF/ano (Zaafouri et *al.*, 1994b). O défice forrageiro é, portanto, de 75%.

Acentuado pela aridez climática e edáfica, o impacto da intensificação da agricultura de subsistência e do sobrepastoreio conduziu, consoante o nível de deterioração dos ecossistemas, à degradação (deterioração reversível) ou à desertificação (deterioração irreversível). A desertificação é a consequência de práticas agrícolas que não estão adaptadas às condições climáticas e edáficas de uma região.

[ème]**O restauro**, na aceção de Aronson et *al* (1995), dos ecossistemas naturais na Tunísia foi geralmente possível durante os anos 60 e 70 do século XX. No entanto, esta técnica não foi aplicada. A degradação extensiva dos ecossistemas naturais (desaparecimento do coberto vegetal e rarefação, ou mesmo ausência, de espécies chave) desde o final deste século significa que esta técnica já não pode ser aplicada. **A reabilitação**, tal como definida pelos mesmos autores, continua a ser a segunda técnica possível para salvaguardar os ecossistemas naturais. Por outro lado, o clima e o solo áridos, o estado avançado de degradação, a lentidão da recuperação e a utilização contínua por uma população que desconhece o papel ambiental, económico e social dos ecossistemas naturais são os factores que limitam o sucesso desta técnica na Tunísia, nomeadamente nas zonas áridas e desérticas (Floret et *al.*, 1983; Chaieb, 1989; Neffeti et *al.*, 1991; CEE, 1997). De acordo com Aronson et *al* (1995), **a** única forma de salvaguardar os ecossistemas naturais é **utilizar a técnica de reafectação**. No entanto, esta técnica de reabilitação resulta geralmente na criação de novos ecossistemas diferentes dos originais.

Segue-se uma breve recordação dos conceitos de **Restauração, Reabilitação e Realocação**, de acordo com Aronson et *al* (1995), frequentemente referidos pelos especialistas em restauração como os "**3Rs**":

Restauração: "**uma** técnica que visa reparar, o mais rapidamente possível, as funções de resiliência e produtividade de um ecossistema danificado ou simplesmente bloqueado, reposicionando-o numa trajetória natural de regresso ao seu estado anterior".

Esta técnica é geralmente utilizada em ecossistemas **em vias de degradação**, através do simples abandono do terreno. Baseia-se essencialmente na dinâmica natural (regeneração) da flora do ecossistema. A presença de espécies-chave é determinante para o seu sucesso.

Reabilitação: "**uma** técnica baseada na intervenção humana intencional para restaurar, na medida do possível, a composição taxonómica completa, a estrutura, a diversidade e a dinâmica do ecossistema pré-existente considerado indígena e histórico".

Aplicada a **ecossistemas degradados**, esta técnica baseia-se numa forte intervenção humana:

(i) <u>reintrodução</u> de espécies autóctones extintas e dos microrganismos que lhes estão associados, **(ii)** trabalho do solo para melhorar o funcionamento hídrico, **(iii)** trabalhos periódicos de manutenção e conservação e **(iiii)** <u>reintervenção</u> em caso de insucesso ou de fraco sucesso.

-Reafectação: "técnica utilizada quando um ecossistema foi gravemente degradado ou desertificado e é impossível voltar ao seu estado original, independentemente da natureza da intervenção humana".

A reafectação baseia-se na introdução de espécies alóctones provenientes de outros países cujas zonas ecológicas são semelhantes ou quase semelhantes às zonas a reafectar. Esta técnica dá geralmente origem a um novo ecossistema designado por **"ecossistema construído"**. Este novo ecossistema não tem qualquer relação estrutural ou funcional com o ecossistema original.

Note-se que, em certos casos e em função da política geral de desenvolvimento do país, os ecossistemas naturais, mesmo que não estejam degradados, podem ser reafectados a outras utilizações: industriais, urbanas, turísticas, *etc.*

A maior parte dos ecossistemas das zonas áridas e desérticas da Tunísia atingiu, ou ultrapassou mesmo, o limiar da irreversibilidade. A extensão da degradação, até ao ponto de desertificação, o custo elevado e o fracasso das técnicas de Restauração e Reabilitação levaram a política de desenvolvimento agrícola da Tunísia no domínio do ambiente a concentrar-se na **técnica de Realocação**. Esta técnica começou com a introdução de arbustos.

ème*A Opuntia ficus-indica* foi introduzida na Tunísia nas primeiras décadas do século XX (1920-1930) (Manjauze et le Houérou, 1965). Os arbustos do género *Atriplex* foram introduzidos na década de 1940 (Franclet e Le Houérou, 1971). Em 1965, os arbustos dos géneros *Acacia, Prosopis, Parkinsonia* e *Eucalyptus* tinham-se espalhado por todo o país (Le Houérou e Pontanier, 1987; Akrimi e Zaâfouri, 1989; Zaâfouri, 1989; Zaâfouri et *al.*, 1991; Zaâfouri, 1993; Zaâfouri et *al.*, 1994b, 1995 e 1997).

Nas zonas áridas e desérticas da Tunísia, a reflorestação foi efectuada principalmente com arbustos dos géneros *Acacia, Atriplex, Prosopis, Parkinsonia* e *Eucalyptus* (mesmos autores).

A reafectação dos ecossistemas naturais da Tunísia deu origem a novas formações vegetais baseadas em espécies não autóctones, criando assim novos ecossistemas muito diferentes dos originais. Estes ecossistemas "construídos" são designados pelos pastores como perímetros silvo-pastoris, pelos silvicultores como plantações silvopastoris e pelos ecologistas como ecossistemas silvo-pastoris.

Na maior parte das vezes, os arbustos alóctones foram introduzidos nos ecossistemas naturais tunisinos sem um conhecimento prévio das suas exigências ecológicas, aliás mal conhecidas mesmo nos seus países de origem (Boudy, 1950). A propósito das **acácias** introduzidas na Tunísia, este autor escreveu: "havia uma ausência total de informações precisas sobre o temperamento e a ecologia destas espécies nos seus países de origem". E acrescenta: "Todas estas acácias são, aliás, desprezadas e, por conseguinte, pouco estudadas, mesmo nos seus países de origem".

èmeEsta observação aplica-se a todos os arbustos não autóctones introduzidos na Tunísia desde o início dos anos 20 do século XX. Embora esta observação remonte a cerca de 3/4 de século, continuamos infelizmente, até hoje (2024), a utilizar os mesmos arbustos na reafectação dos ecossistemas naturais da Tunísia, quaisquer que sejam as suas aptidões ecológicas e o seu potencial biológico.

Os arbustos autóctones, como *Periploca laevigata*, *Rhus tripartitum*, *Ceratonia siliqua*,

Pistacia atlantica e *lentiscus*, **Acacia** *tortilis*, **Atriplex** *halimus*, **Ephedra** *alata* e *altissima*, *Calligonum arich* e *azel*, *etc.*, **mais bem adaptados às condições ecológicas das zonas áridas e desérticas, foram e são quase completamente negligenciados.**

O fraco conhecimento das exigências ecológicas dos arbustos introduzidos na Tunísia, que são mal conhecidos mesmo nas suas zonas naturais, foi certamente uma das causas de muitos fracassos na reafectação dos ecossistemas tunisinos, nomeadamente nas zonas áridas e desérticas. A simples observação de algumas caraterísticas biológicas interessantes (crescimento rápido e biomassa elevada), sem ter em conta todas as considerações ecológicas e ambientais, favoreceu a sua utilização e negligenciou os arbustos autóctones de crescimento lento e biomassa reduzida.

O impacto ambiental de alguns destes arbustos introduzidos, tal como o efeito alopático sobre a flora autóctone, nunca foi tomado em consideração. O desaparecimento da flora natural sob a maioria destes arbustos e, em particular, sob o género *Eucalyptus* é um exemplo perfeito deste impacto alopático. Além disso, outros arbustos estão a tornar-se invasivos, competindo com a flora nativa (*Prosopis* ssp. por exemplo).

os principais arbustos alóctones introduzidos para a reafectação dos ecossistemas naturais nas zonas áridas e desérticas da Tunísia são *a Acacia saligna*, conhecida no Norte de África sob a combinação nomenclatural incorrecta de *Acacia cyanophylla*, *Acacia cyclops*, *Acacia ligulata*, *Parkinsonia aculeata*, *Atriplex nummularia*, *Prosopis* ssp, *Eucalyptus* ssp. (Hamza, 1986; Akrimi et Zaâfouri, 1990; Zaâfouri, 1989; Zaâfouri et *al.*, 1991; Zaâfouri, 1993 e Zaâfouri et *al.*, 1991, 1994b, 1995 e 1997).

O objetivo destas introduções era melhorar a produção biológica dos ecossistemas e criar reservas pastoris permanentes. A reativação da dinâmica progressiva dos ecossistemas naturais era o desejo do gestor.

Embora tenham sido descritos alguns sucessos espectaculares de certos arbustos introduzidos em condições ambientais particularmente favoráveis (Schönenberger, 1971; El Hamrouni e Sarson, 1975a; Karem, 1984; Karem e Ktata, 1986; Le Houérou e Pontanier, 1987; Zaâfouri, 1989 e 1993, Neffeti et *al*, 1990; Zaâfouri, 1993; Zaâfouri et *al.* 1991, 1994b, 1995 e 1997); no entanto, há que reconhecer que houve muitos fracassos espectaculares (mesmos autores).

Neste livro, analisamos a resposta de um dos arbustos alóctones mais utilizados na reafectação dos ecossistemas nas zonas áridas e desérticas da Tunísia: *a Acacia saligna*. Tentamos dar algumas respostas aos limites da tolerância deste arbusto às condições ecológicas destas zonas e aos limites da técnica de reafectação.

Por fim, este trabalho foi objeto de uma dissertação de Diplôme d'Etudes Approfondies em Ecologia Mediterrânica e da primeira parte de uma tese de doutoramento defendida respetivamente em 1989 e 1993 na Université de Droit, d'Economie et des Sciences d'Aix-Marseille, França (Faculté des Sciences et Techniques de Saint Jérôme de Marseille). Estas dissertações são complementadas pelo nosso trabalho de investigação desde 1994 no domínio da reafectação dos ecossistemas naturais sob o bioclima árido mediterrânico e saariano.

Este livro está dividido em três capítulos:

- o primeiro descreve *a Acacia saligna* e discute a abordagem de avaliação;
- a segunda caracteriza os factores ecológicos das zonas áridas e desérticas da Tunísia e os ecossistemas afectados;
- e o terceiro capítulo analisa a resposta deste arbusto alóctone às condições ecológicas dos ecossistemas reafectados e, por conseguinte, o sucesso ou o fracasso da técnica de reafectação com arbustos introduzidos.

Capítulo 1

ARBUSTOS ALÓCTONES UTILIZADOS PARA A REAFECTAÇÃO E A ABORDAGEM DE AVALIAÇÃO

1. ARBUSTOS NÃO NATIVOS UTILIZADOS NA REABILITAÇÃO

1.1. A IMPORTÂNCIA DOS ARBUSTOS NA RECUPERAÇÃO DE ECOSSISTEMAS

Nas zonas áridas e desérticas da Tunísia, onde os bioclimas são mediterrânicos: árido inferior e sahariano superior (precipitação média de 100 mm/ano a 200 mm/ano), os arbustos alóctones utilizados para reabilitar os ecossistemas naturais foram introduzidos em meados dos anos 60, no auge da política cooperativa "Taâdhed". Os primeiros arbustos utilizados nesta zona foram *a Acacia ligulata* e *a Opuntia ficus indica.*

A Acacia saligna (=Acacia *cyanophylla*) só foi utilizada regularmente no início da década de 1970, substituindo *a Acacia ligulata*, que se revelou intragável para os animais, e *a Opuntia ficus-indica*, que não é muito resistente à seca com precipitações inferiores a 150 mm/ano. A partir dos anos 80, intensificou-se a reafectação dos ecossistemas naturais das zonas áridas e desérticas da Tunísia por arbustos introduzidos, principalmente *Acacia saligna*. Outros arbustos alóctones dos géneros *Acacia, Prosopis, Atriplex* e *Parkinsonia* apareceram esporadicamente.

O principal objetivo da introdução destes arbustos era, como acabámos de referir na introdução geral e problemática, melhorar a produção biológica dos ecossistemas naturais, a criação de reservas pastoris permanentes e esperar a reativação da dinâmica natural da vegetação autóctone.

A reafectação dos ecossistemas áridos e desérticos tunisinos baseou-se na utilização de cerca de dez arbustos introduzidos (Fig. 2). A quase totalidade dos ecossistemas reafectados (97,5% das superfícies) baseava-se em : *Acacia saligna, Acacia ligulata, Acacia salicina, Acacia cyclops, Prosopis juliflora, Prosopis chilensis, Parkinsonia aculeata, Atriplex nummularia, Atriplex canescens, Opuntia ficus-indica* e *Eucalyptus* ssp. Os arbustos nativos (*Atriplex halimus, Calligonum azel, Periploca laevigata* e *Ceratonia siliqua*) representam apenas 2,5% (Fig. 2).

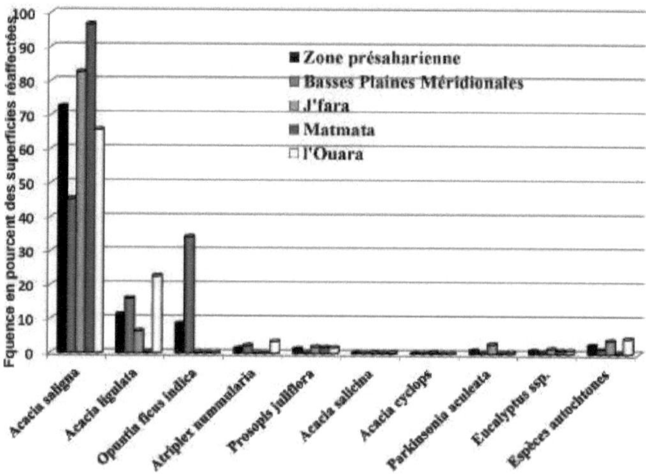

Figura 2: Importância dos arbustos alóctones (em % da superfície) na reafectação dos ecossistemas naturais nas zonas áridas e desérticas da Tunísia.

De acordo com Zaafouri (1993, concluído em 2020)

A grande variedade de arbustos alóctones utilizados na reafectação dos ecossistemas naturais na Tunísia, em geral, pode ser explicada pela ausência de um conhecimento perfeito das suas exigências ecológicas. **É mais um caso de tentativa e erro do que uma técnica baseada nos resultados da experimentação científica.** [ème]Infelizmente, os ecossistemas naturais da Tunísia continuam a ser reafectados pelos mesmos arbustos, apesar dos resultados de estudos científicos realizados desde o último quartel do século XX (1975), que demonstraram as limitações de alguns destes arbustos introduzidos em zonas áridas e desérticas (ver Bibliografia).

Entre os arbustos alóctones introduzidos na Tunísia, a *Acacia saligna*, família *Fabaceae* (*Leguminosae*), é a pedra angular da reafectação dos ecossistemas naturais da Tunísia. Nas zonas áridas e desérticas, este arbusto ocupa uma média de 72,5% das superfícies reafectadas (Fig. 2). Em vários ecossistemas, ocupa uma superfície de 65% a 97% (Fig. 2). O principal objetivo da escolha da *Acacia saligna* para reafectação é a produção de forragem (elevada fitomassa) para compensar o défice de forragem nas pastagens. A sua capacidade de nodulação (Mansouri, 2011) e o processo simbiótico dos seus microrganismos (Amrani et *al.*, 2009) poderiam enriquecer o solo com azoto e reativar a dinâmica natural da flora autóctone.

1.2. CARATERISTICAS da *Acacia saligna*

A *Acacia saligna* (Labili.) H.L. Wendl. é geralmente conhecida no Norte de África sob a combinação nomenclatural incorrecta *Acacia cyanophylla* Lindl. Bayley (1914) em Léone 1924 considerou *Acacia cyanophylla* Lindi. sinónimo de *Acacia saligna* (Labill.) H.L. Wendl. Passavalli (1935) distinguiu a *Acacia saligna* do seu sinónimo *Acacia cyanophylla* pela cor das folhas, verde-azul (verde-azzuro), e pelas nervuras laterais mais visíveis (nerviture laterali più visibili).

1.2.1. Classificação sistemática

São habitualmente utilizados dois tipos de classificação sistemática: **(i)** a classificação clássica ou de Linnaean e **(ii)** a classificação filogenética. Optámos pela classificação do Angiosperm Phylogenetic Group (Angiosperm Phylogeny Group, 2003 e 2009).

De acordo com este tipo de classificação, a sistemática simplificada de *Acacia saligna* é a seguinte (Tab. 1)

Tabela 1. Taxonomia simplificada de *Acacia saligna* de acordo com a classificação filogenética (APG, 2003 e 2009)

Domínio ou Império	*Eucariota*
Reino Unido	*Plantas*
Subdomínio	*Traqueobiontes*
Divisão	*Magnoliophyta*
Classe	*Angiosperma*
Subclasse	*Tricolpata*
série	*Rosídeos*
Sub-série	*Fabáccas*
Encomendar	*Fabales*
Família	*Fabáceas*
Subfamília	Mimosaceae (=Mimosoidae)
Tipo	*Acácia*
Espécies	*saligna* (=*cyanophylla*)

1.2.2. Caraterísticas botânicas e morfológicas. Valores alimentares e energéticos

Baseámos a nossa descrição botânica e morfológica da *Acacia saligna* e o seu valor alimentar e energético nos trabalhos realizados por Vassal (1972), Le Houérou e Ionesco (1973), El Hamrouni e Sarson (1974), Monod (1974), N.A.S, (1980), Sarson e Salmon (1977), Le Houérou (1980), Dumancic e Le Houérou (1981), Akrimi (1986), Chouaieb (1982), Dahl (1982), Le Houérou e Pontanier (1987), Akrimi e Zaâfouri (1990), Zaâfouri (1993) e muitos outros.

A Acacia saligna (Fig. 1A) é geralmente um arbusto muito polimorfo com 2 a 6 m de altura, formando um povoamento extremamente heterogéneo. Na sua área natural, pode atingir uma árvore de 9 m de altura. Apresenta uma forma sinuosa, muito ramificada, com um tronco curto (20 a 80 cm). A casca do tronco é verde-clara, lisa quando jovem e fissurada e cinzento-acastanhada quando madura. Os ramos deste ano são lisos e verdes claros, enquanto os ramos mais velhos são esverdeados e mais ou menos fissurados.

Foto 1. *Acacia saligna* (Labill.) H.L. (= *Acacia cyanophylla* Lindl.) **A:** hábito **B:** filódios **C:** flores **D:** frutos (vagens)

Os primeiros pares de folhas da *Acacia saligna* e de todas as espécies do género *Acacia* são folhas compostas pinadas ou bipinadas. Estas folhas verdadeiras desaparecem alguns dias após a germinação. São substituídas por **filódios** (Foto 1B), ligeiramente falcados, com uma nervura principal bem marcada, de cor azul-esverdeada; daí a nomenclatura incorrecta *Acacia cyanophylla* e o nome comum francês "Mimosa ou Acacia bleuâtre".

As flores (Foto 1C), com 1 cm a 1,5 cm de diâmetro, estão dispostas em glomérulos formando cachos (por vezes solitários). As flores são amarelas a amarelo-alaranjadas e estão localizadas nas pontas dos ramos.

Os frutos, em forma de vagens (Foto 1D), são longos, achatados, bastante estreitos entre as sementes, com cerca de 3 cm a 7 cm de comprimento e 0,5 cm de largura. São ligeiramente arqueados e pouco tortuosos, de cor esverdeada durante a maturação e negra na maturidade. Cada vagem contém várias sementes esverdeadas antes da maturação, que se tornam completamente pretas quando maduras.

A Acacia saligna é uma espécie extremamente heterogénea em termos de hábito (de inclinado a retilíneo) e da forma e tamanho dos filódios. Zaâfouri (1993) salientou a grande variabilidade no tamanho dos filódios desta espécie em povoamentos nas zonas áridas e desérticas da Tunísia. Distinguiu vários tipos de filódios com base na relação comprimento/largura: **"phyllodes latifolia"** (relação comprimento/largura < 3) a **"phyllodes longifolia"** (relação comprimento/largura > 40). Entre estes dois tipos de filódios, existem cerca de dez dimensões (Zaâfouri, 1993).

A Acacia saligna é uma espécie que se multiplica facilmente por semente e tem a capacidade de se regenerar perfeitamente a qualquer altura de corte (regeneração do cepo ou do tronco) e de sugar a partir das raízes (sucção radicular). Embora esta espécie seja considerada invasora, o período seco nas zonas áridas e desérticas, que começa logo após a estação das chuvas, é o fator limitante para a sobrevivência das plantas jovens resultantes da regeneração por semente (Zaâfouri, 1993).

Os filódios, os rebentos jovens e os frutos da *Acacia saligna* são palatáveis para os animais. São consumidos por ovelhas, cabras e até mesmo por bovinos e camelos (observações pessoais). Contudo, a palatabilidade difere de uma planta para outra e de um tipo de filódios para outro: o tipo "longifolia" é mais palatável do que o tipo "latifolia" (Zaâfouri, 1993).

Os filódios são ricos em proteínas: 16% de proteína bruta e 12% de proteína digestível por quilograma de matéria seca. O teor de azoto digestível e o valor energético (Feed Unit FMU) são, sucessivamente, de 140 g/kg MS e 0,31 FMU/kg MS. A digestibilidade in vivo da matéria orgânica é de cerca de 55%, um valor relativamente elevado para uma forragem lenhosa.

1.2.3. Origem, distribuição geográfica e condições ambientais da área natural

Nativa da Austrália Ocidental (Maslin e Pedley, 1982; Maslin, 2001a b e 2002), *a Acacia saligna* foi introduzida na África do Sul em 1840 para a fixação de dunas (N.A.S., 1980). Foi também introduzida no Uruguai, México, Palestina, Jordânia, Iraque, Irão, Grécia, Chibre (N.A.S., 1980) e França (Vassal, 1984).

No Norte de África, *a Acacia saligna* parece ter sido introduzida pela primeira vez na Argélia no início da década de 1870 (Bert, 1886 in Léone, 1924). Parece ter sido introduzida em grande escala no Norte de África, na Líbia, em 1916, para fixar as dunas costeiras de Tripoli (Léone, 1924).

Na Tunísia, de acordo com Le Houérou e Pontanier (19987), *a Acacia saligna* foi introduzida na década de 1930 na região de Bizerte para fixar as dunas marítimas. èmeComeçou a espalhar-se para além das regiões costeiras em 1965 e foi amplamente distribuída a partir dos anos 80 (Akrimi e Zaafouri, 1990; Zaâfouri, 1993 e Zaâfouri et al., 1994b).

As condições ambientais na área de distribuição natural de *Acacia saligna*, na Austrália Ocidental, descritas pelos autores acima citados são :
- Precipitação média anual: 600 mm a 1000 mm ;
- temperatura no verão: 23°C a 36°C ;
- temperatura no inverno: 4°C a 9°C ;
- intervalo de temperatura: 19°C a 27°C ;

-   temperatura óptima de verão: 30°C ;
-   temperatura óptima de inverno: 13°C ;
-   altitude: do nível do mar até 300 m acima do nível do mar. Em altitudes elevadas, ocorre em indivíduos isolados e atrofiados;
-   Solo: espécie psamófila típica das dunas costeiras mais ou menos fixas. Teme os solos ácidos, os solos ricos em calcário e os solos salgados.

Embora as condições térmicas e edáficas da área natural de *Acacia saligna* sejam quase semelhantes às das zonas áridas e desérticas da Tunísia (ver capítulo 2), as condições de precipitação (600 mm/ano a 1000 mm/ano) estão demasiado afastadas (100 mm/ano a 200 mm/ano). No entanto, as condições de precipitação (600 mm/ano a 1000 mm/ano) estão demasiado afastadas (100 mm/ano a 200 mm/ano). Na Argélia, um bioclima mediterrânico, Khéloufi (2019) referiu que o limite inferior de precipitação para este arbusto é de 250 mm/ano.

2. A ABORDAGEM DE AVALIAÇÃO

Optámos por **uma abordagem de inquérito**, também conhecida como **abordagem ou método comparativo**, para avaliar a reafectação através da introdução da *Acacia saligna* nas zonas áridas e desérticas da Tunísia.

O princípio desta abordagem consiste em selecionar um conjunto de ecossistemas que cubram uma gama de climas e de solos (Garbaye et *al.*, 1970 e le Tacon, 1973). Este método baseia-se no **nível de perceção da ecosfera**, tal como definido por Tansley (1935), e na **noção de ecossistema** tal como definida por Evans (1956).

De acordo com Garbaye et *al* (1970), a abordagem por inquérito ou método comparativo é geralmente muito complicada de implementar e difícil de resolver devido às restrições impostas pelo ambiente e pelo stand. Entre estes condicionalismos, os autores mencionam
-   heterogeneidade climática ;
-   heterogeneidade geomorfológica ;
-   heterogeneidade edáfica ;
-   heterogeneidade dos suportes

No entanto, o diagnóstico ecológico baseado na perceção da ecosfera, tal como definido por Godron e Poissonnet (1972), Duvignaud (1974) e Long (1974 e 1975), poderia resolver os problemas colocados pela heterogeneidade do ambiente e da população.

O nível de perceção, **ecossistema (sistema ecológico)**, um conceito amplamente utilizado nos estudos ecológicos, é a unidade básica do diagnóstico ecológico (autores citados acima). De acordo com estes autores, o ecossistema está na base da pirâmide de níveis de perceção (ver diagrama abaixo). É de notar, no entanto, que o nível de perceção varia de um autor para outro, em função do objetivo que estabeleceram.

2.1. A ABORDAGEM POR INQUÉRITO

A abordagem baseada em inquéritos para o diagnóstico espacial envolve três fases sucessivas:
- zonagem do espaço ;
- a escolha do sistema de amostragem ;
- a escolha das variáveis ambientais e das espécies.

2.1.1. Zoneamento do espaço

O nosso estudo diz respeito à ação dos factores ecológicos sobre o estabelecimento, o sucesso e a produção da *Acacia saligna*, sendo, portanto, fundamental a homogeneidade dos factores climáticos, geomorfológicos, edáficos e florísticos.

Para tal, adoptámos a seguinte abordagem para a zonagem das zonas áridas e desérticas tunisinas:
- escolha da ecosfera ;
- seleção de regiões ecológicas ;
- delimitação dos sectores ecológicos ;
- delimitação dos ecossistemas.

2.1.1.1. Escolha da ecosfera

A ecosfera é um conceito criado pelo ecologista americano Lamont Cole em 1958 para designar um conjunto de ecossistemas em que os organismos vivos interagem de forma sustentável entre si e com o ambiente. Os elementos que compõem a ecosfera são inseparáveis.

Tendo em conta este conceito, considerámos as zonas áridas e desérticas da Tunísia, **a Tunísia pré-saariana** segundo Coque (1962), como **uma ecosfera**. Estas zonas situam-se entre as isoietas de precipitação de 100 mm/ano e 200 mm/ano (Fig. 3).

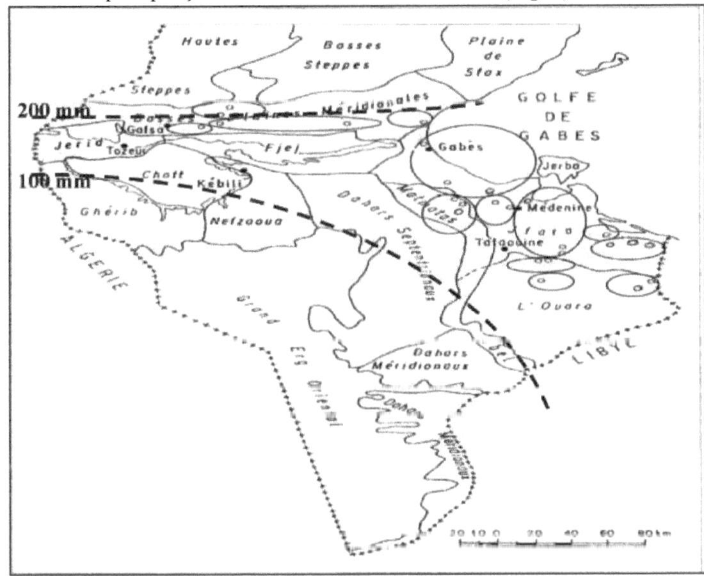

Figura 3: Zonagem das zonas áridas e desérticas da Tunísia em regiões ecológicas, sectores ecológicos (círculos grandes) e ecossistemas (círculos pequenos).
Limites aproximados de precipitação para as zonas áridas e desérticas estudadas (100 mm/ano-200 mm/ano)

Geograficamente, situa-se entre os paralelos 31°59' e 34°30' Norte e os meridianos 7°20' e 11°50'. Ou os seus limites geográficos, de acordo com este autor, são :
-De norte para oeste: linha imaginária que liga o mar Mediterrâneo, na cidade de Mahrès, à fronteira tunisino-argelina, passando pela cordilheira de Gafsa (jbels: Mazzouna, Bou Hedma, Orbata, Ben Younes, Bou Ramli) e pelas cidades de Om Al Arayes e R'deyef.
-de Oeste para Sul: a fronteira é igualmente marcada por uma linha imaginária que liga a fronteira tunisino-argelina à fronteira tunisino-libanesa, passando por Tamaghza-Chott Jérid-Kébili-Gsar Ghilène-Borj Bourguiba até Dhhiba.
As zonas áridas e desérticas da Tunísia foram escolhidas no âmbito de um programa nacional de investigação para recuperar, reabilitar e reafectar os ecossistemas degradados e desertificados. O Institut des Régions Arides Médenine, da Tunísia, um organismo estatal de investigação, é o líder do projeto deste programa. Na qualidade de professor-investigador nesta instituição, fui responsável **pelo** subprograma **de reafectação de ecossistemas**.
De acordo com Coque (1962), Le Houérou (1959 e 1969), Floret e Pontanier (1982 e 1984), Saghiri (1991), estas zonas caracterizam-se por **(i)** um clima que varia em função do gradiente de latitude e longitude e um certo grau de continentalidade, **(ii)** uma gama muito variada de situações geomorfológicas (jebels, glacis, planícies, depressões, leitos de wadi), **(iii)** diferentes tipos de solos e **(iii)** agrupamentos vegetais diversificados.
Estas zonas áridas e desérticas, consideradas como uma ecosfera, são heterogéneas em termos de clima, geomorfologia, solo e vegetação. No entanto, constituem uma entidade ecológica caracterizada pela mesma aridez climática (9 meses/ano a 12 meses/ano) e edáfica (7 meses/ano a 9 meses/ano) e pelo mesmo tipo de vegetação (estepe).

2.1.1.2.   Seleção de regiões ecológicas
A fim de minimizar ao máximo a heterogeneidade dos factores ecológicos desta ecosfera, as zonas áridas e desérticas da Tunísia estão fragmentadas em **regiões ecológicas**. Em cada região, as condições climáticas (pluviosidade e temperatura) são mais ou menos homogéneas. No entanto, a heterogeneidade geomorfológica, edáfica e do tipo de vegetação é ainda significativa.

Para o nosso objetivo, **as regiões ecológicas** são **as regiões naturais do sul da Tunísia** delimitadas por Le Houérou em 1959 (Fig. 3). Nove (9) regiões naturais foram definidas por este autor. No entanto, apenas considerámos quatro (4) regiões (Fig. 3 e Tab. 2):
-   **as terras baixas do Sul ;**
-   **a Matmata ;**
-   **la J'fara ;**
-   **a Ouara.**

Quadro 2. Resultados da zonagem espacial para as zonas áridas e desérticas da Tunísia

Região natural (Le Houérou, 1959)	Número de	
Região ecológica por projeto	**Sectores ecológicos**	**Sistemas ecológicos**
Planícies do Sul	4	6

Matmata	1	3
J'fara	5	12
Ouara	3	5
Jérid		
Féjij	pequenas superfícies reafectadas análise estatísticas fiáveis	
Estepe Dhahar		
Dhahar do Sul		
Nefzaoua		

O facto de apenas 4 regiões ecológicas terem sido selecionadas de uma vasta área foi ditado pelas superfícies reafectadas pela introdução de arbustos alóctones. De facto, após o levantamento de todas as zonas áridas e desérticas, constatámos que, nas restantes regiões naturais (regiões ecológicas), as superfícies reafectadas eram muito reduzidas (algumas dezenas de metros quadrados), o que não permite tirar conclusões dos resultados.

As principais condições climáticas (pluviosidade e temperatura) são tão homogéneas quanto possível em cada uma destas regiões ecológicas. No entanto, a heterogeneidade geomorfológica, edáfica e florística continua a ser significativa.

2.1.1.3. Delimitação dos sectores ecológicos

O objetivo da delimitação dos sectores ecológicos é homogeneizar os factores geomorfológicos, edáficos e florísticos. Assim, cada região ecológica é subdividida em **sectores ecológicos**. São utilizados dois parâmetros para definir o sector ecológico:

-a localização na toposequência geral (geomorfologia),

-o tipo de vegetação natural (grupo ecológico).

A área reafectada numa região ecológica é, de acordo com esta abordagem, **uma planície, um glacis, uma depressão** ou **um leito de wadi**. O número de sectores ecológicos depende da superfície reafectada na região ecológica (Fig. 3 e Tab. 2).

2.1.1.4. Definição de ecossistemas

Ao nível da perceção, o sector ecológico, os factores climáticos e geomorfológicos são quase homogéneos. Subsiste, no entanto, uma heterogeneidade de caraterísticas edáficas e florísticas. A fim de reduzir, mas não eliminar, a heterogeneidade edáfica e florística, subdividimos as superfícies reafectadas em cada sector ecológico em **ecossistemas**. A este nível de perceção, todos os factores ecológicos são tão homogéneos quanto possível (clima, geomorfologia, solo e flora).

O número de ecossistemas delineados em cada sector ecológico é função da área reafectada (Fig. 3 e Tab. 2).

O ecossistema pode ser identificado e caracterizado por dois conceitos: **a estação ecológica ou a estação florestal**:

- [22]**A estação ecológica:** Rol (1954) define a estação ecológica como "uma área de terreno, cuja superfície é muito variável, desde alguns centímetros até vários quilómetros, mas que é homogénea em termos das condições ecológicas que aí prevalecem. Por outras palavras, a estação ecológica é uma unidade topográfica definida por um conjunto de factores climáticos, edáficos e bióticos". É também definida por Bonneau e Timbal (1973) como "uma unidade biológica intuitiva que corresponde à perceção de uma paisagem vegetal homogénea na sua composição e que ocupa uma posição topográfica bem definida".

- **Estação florestal:** definida por Decourt (1973 a) como "uma área de floresta homogénea em termos das suas condições ecológicas e do seu povoamento, na qual o silvicultor pode praticar a mesma silvicultura e esperar a mesma produção".

No conceito de estação ecológica, as noções de biomassa, de balanço energético e de relações dinâmicas e tróficas entre os diferentes elementos da biocenose, embora essenciais no conceito de ecossistema, não estão explicitamente incluídas nas definições de estação ecológica acima referidas. Note-se que a noção de ecossistema é dinâmica e energética e refere-se geralmente ao seu funcionamento e produção (Evans, 1956 e Duvignaud 1974). Por outro lado, na noção de estação florestal, notamos que ela fecha explicitamente as noções de biomassa e de balanço energético (produção), essenciais para avaliar a reafectação.

Na nossa conceção do ecossistema, e para efeitos do presente estudo, aproxima-se mais da noção de estação florestal do que da de estação ecológica.

Quer se trate de uma estação ecológica ou de uma estação florestal, o nível de perceção, o ecossistema, para além da homogeneidade dos factores climáticos e das condições geomorfológicas, caracteriza-se pela homogeneidade das caraterísticas edáficas. A fitocenose é igualmente homogénea (mesmo grupo ecológico). Este nível de perceção da ecosfera (ecossistema) é, portanto, caracterizado pela homogeneidade de todos os factores ecológicos.

A delimitação do ecossistema deve ser rigorosa para garantir a homogeneidade dos factores ecológicos, principalmente os factores edáficos. Para isso, selecionámos um certo número de parâmetros:
- a natureza do leito rochoso ou do substrato;
- a natureza do solo ;
- a natureza e a espessura da camada solta ;
- a presença ou ausência de cobertura de vento ;
- capacidade de infiltração de água ;
- o grupo de plantas ou o grupo ecológico.

O número de ecossistemas delimitados é função da área reafectada a cada sector ecológico (Fig. 3 e Tab. 2).

Assim, a zonagem do espaço das zonas áridas e desérticas reafectadas discriminou 4 regiões, 13 sectores e 26 sistemas ecológicos (Fig. 3 e Tab. 2). O número de sectores em cada região e de ecossistemas em cada sector é função da dimensão da área reafectada.

Esta abordagem permitiu normalizar :
- **factores climáticos em cada região ecológica ;**
- **factores climáticos e geomorfológicos em cada sector ecológico**

-todos os factores ecológicos (clima, geomorfologia, solo e fitocenose) ao nível de cada ecossistema.

2.2. Amostragem e seleção de parcelas

2.2.1. Tipo de amostragem

O nosso objetivo é explicar as causas do sucesso ou do fracasso do arbusto introduzido, *Acacia saligna*, na reafectação dos ecossistemas nas zonas áridas e desérticas da Tunísia. Consequentemente, a amostragem deve ser adequada para atingir este objetivo.

Foram propostos vários métodos de amostragem (Pardé, 1961; Lamotte, 1962; Gounot, 1969; Garbaye et *al.*, 1970; Peters, 1974; Floret, 1988; Zaâfouri et *al.*, 1974a). De acordo com estes autores, cada tipo de amostragem tem as suas vantagens, desvantagens e limitações.

Para o nosso estudo, utilizámos **uma amostragem em duas fases, utilizando a amostragem multi-estratos** (autores acima). Este tipo de amostragem não é nem sistemática nem aleatória: **é exploratória.**

Esta abordagem baseia-se num levantamento em busca de áreas reafectadas por arbustos alóctones, com o objetivo de diversificar para cobrir o mais possível cada região ecológica em termos de geomorfologia e litologia. O resultado é uma <u>sobre</u> ou sub-representação dos sectores de cada região e dos ecossistemas de cada sector.

2.2.2. Escolha das parcelas: área e número

A demonstração da influência dos factores ecológicos no sucesso ou insucesso da *Acacia saligna*, utilizada para a reafectação destes ecossistemas, exige parcelas com condições ecológicas, principalmente edáficas, tão homogéneas quanto possível. No entanto, neste caso, é difícil utilizar parcelas com uma superfície constante, tal como definida e proposta por Pardé (1961). Se a superfície da parcela for pequena, o número de indivíduos pode ser demasiado reduzido para uma análise estatística fiável. Caso contrário, existe o risco de heterogeneidade edáfica. **Por conseguinte, o objetivo só pode ser alcançado através de parcelas de dimensões variáveis.**

Assim, considerámos como superfície elementar da parcela aquela ocupada pelos 15 indivíduos mais próximos no ecossistema previamente delimitado (cf. § 2.1.1.4 acima). Pardé (1961) recomendou, no inventário florestal, 10 a 20 indivíduos por parcela para poder efetuar uma análise estatística fiável.

O número de parcelas selecionadas depende da dimensão da área reafectada no ecossistema. Este número varia de 2 parcelas a 3 parcelas. Assim, o número total de indivíduos num ecossistema é de 30 indivíduos ou 45 indivíduos. Este número permite assim uma análise estatística credível.

2.2.3. Escolha das variáveis ambientais e das espécies

Neste trabalho, pretendemos explicar o comportamento do arbusto *Acacia saligna* nas diferentes situações ecológicas dos ecossistemas das zonas áridas e desérticas da Tunísia e, consequentemente, avaliar a sua reafectação (sucesso ou fracasso).

Para atingir este objetivo, realizámos dois tipos de observação:

-Observações relativas ao ecossistema: variáveis ambientais (variáveis explicativas) ;

-observações relativas à espécie (variáveis explicadas).

2.1.3.1.   Variáveis ambientais: Variáveis explicativas :

Trata-se de variáveis relacionadas com as caraterísticas edáficas do ecossistema. Em geral, o tipo de solo integra todos os parâmetros edáficos. Existem muitas variáveis do solo que podem ser medidas ou observadas, mas o seu valor é variável (Bonneau e Timbal, 1973). Assim, selecionámos os parâmetros do solo que têm uma influência notável no sucesso e na produção da *Acacia saligna*. Estes parâmetros são principalmente :

-   caraterísticas genéticas do solo e da rocha-mãe ;

-   caraterísticas físicas do solo: natureza e espessura da camada solta, capacidade de infiltração e armazenamento de água (regime hídrico), presença ou ausência de um lençol freático e presença ou ausência de uma cobertura de vento;

-   caraterísticas químicas do solo: pH, matéria orgânica, teor de calcário e de gesso e grau de salinidade ;

-   tipos de solo de acordo com a classificação francesa.

2.1.3.2. Variáveis de espécies: Variáveis explicadas

Para avaliar a resposta da *Acacia saligna* às caraterísticas edáficas do ecossistema, combinámos duas abordagens: **estimativa e avaliação:**

A/ Avaliação

Esta abordagem consiste em avaliar o comportamento da *Acacia saligna* utilizando uma escala de avaliação qualitativa proposta por Schönenberger (1971). Esta escala tem 5 níveis: **1**: mau estado, **2**: mau estado, **3**: estado médio, **4**: bom estado e, finalmente, **5**: muito bom estado. Devido à subjetividade desta escala, nós próprios (Zaâfouri *et al.*, 1994b) melhorámo-la, introduzindo dados quantitativos e clarificando o significado dos dados qualitativos, da seguinte forma

(1) mau estado: a taxa de sucesso é muito baixa (< 20%). Os indivíduos estão muito doentes. A folhagem é muito escassa, de cor amarela ou completamente ausente. Teoricamente, a espécie não pode sobreviver a curto prazo.

(2) mau estado: a taxa de sucesso é baixa (20% a 40%). Os indivíduos são fracos. A folhagem é geralmente verde mas escassa. O crescimento e a produção da espécie são quase nulos, mas ela consegue sobreviver a curto prazo.

(3) estado médio: a taxa de sucesso pode ser baixa (20 a 40%) ou média (40 a 60%). As plantas são moderadamente vigorosas. A folhagem é verde e bastante abundante. O crescimento da espécie, que não é negligenciável, permite-lhe sobreviver a médio prazo, mas a produção é fraca.

(4) bom estado: a taxa de sucesso é por vezes baixa a média (20% a 50%). As plantas são vigorosas. A folhagem é abundante e está em bom estado. O crescimento da espécie é bom e podemos esperar alguma produção (média a boa).

(5) muito bom estado: a taxa de sucesso pode por vezes ser baixa (< 40%), mas é geralmente elevada (> 60%). As plantas são muito vigorosas, com uma folhagem em excelente estado e muito abundante. O crescimento e a produção são óptimos.

É de notar que a baixa taxa de sucesso nas escalas 3, 4 e 5 para certos ecossistemas se deve a falhas na fase de instalação.

B/ Avaliação

Considerámos dois parâmetros para avaliar o sucesso ou insucesso da *Acacia saligna*: **(i)** a taxa de sucesso ou taxa de sobrevivência e **(ii)** a produção.

-A taxa de sucesso ou de sobrevivência: é a percentagem de indivíduos que sobrevivem no dia da avaliação em relação ao número total de indivíduos plantados (densidade de plantação). Consoante a região ecológica, a densidade de plantação varia entre 800 plantas/ha e 1000 plantas/ha (circunscrições florestais regionais).

-Produção: é um parâmetro sintético da resposta de uma planta às condições ecológicas do seu ambiente. Inclui todos os parâmetros de desenvolvimento e de crescimento da planta.

A produção considerada neste estudo é **a fitomassa da parte aérea**. Esta é definida por Feuillas (1979) como: "a quantidade de massa vegetal produzida pela parte aérea da espécie num dado momento". Trata-se de **uma fitomassa total** ou **de uma fitomassa por pé** (Clément et Touffet, 1976 e Feuillas, 1979). A fitomassa total é a quantidade de matéria vegetal sobre o indivíduo (fitomassa acima do solo) e a fitomassa morta rejeitada no solo (folhas, ramos, galhos, frutos, *etc.*).

A fitomassa da parte aérea, também conhecida como **biomassa epígea** (Feuillas, 1979), é geralmente expressa em matéria seca (MS) por unidade de área e por unidade de tempo.

Também pode ser expressa em matéria verde (GM).

Dada a dificuldade de avaliar a fitomassa total devido à falta de dados sobre a fitomassa libertada para o solo desde a data da plantação (4 a 6 anos), limitámo-nos à <u>fitomassa em pé</u> ou à <u>biomassa removida do solo.</u>

Foram descritos vários métodos de avaliação da fitomassa de espécies arbustivas (Feuillas, 1979; Etienne, 1980; Barbéro, 1981; Asocar et *al.*, 1981; Felker et *al.*, 1982; FAO, 1982; Baudin, 1985; Floret et *al.*, 1983; Floret, 1988; Zaâfouri, 1993 e Zaâfouri et *al.*, 1994a). Estes métodos são **(i) destrutivos, (ii) semi-destrutivos** ou **(iii) não-destrutivos**. Cada método tem as suas vantagens e desvantagens (ver autores citados acima).

Devido às condições impostas pelos serviços florestais na área de estudo (proibição de abate de arbustos), tentámos encontrar um compromisso entre os métodos semi-destrutivos e não-destrutivos.

Assim, optámos pelo método de avaliação da fitomassa removida através da medição do biovolume, com o abate de um único indivíduo por parcela. Este indivíduo é o indivíduo de <u>biovolume médio</u>, por analogia com o <u>tronco de volume médio</u> utilizado em silvicultura (Prodan, 1951). O indivíduo de biovolume médio é definido, como na silvicultura: **o indivíduo cujo biovolume multiplicado pelo número de indivíduos da parcela dá o biovolume total.**

A escolha da árvore de biovolume médio resume-se, por um lado, às condições impostas pelos serviços florestais e, por outro, à minimização do efeito da densidade de plantação e da taxa de sucesso na produção. De facto, a produção da árvore de biovolume médio é muito claramente pouco influenciada por estes dois parâmetros (Zaâfouri, 1993 e Zaâfouri et *al.*, 1994a e b e 1995).

A produção utilizada é, portanto, a fitomassa depurada da árvore de biovolume médio: ou seja, a produção da árvore de biovolume médio dividida pela idade da reafectação.

A escolha deste tipo de estimativa de produção, algo discutível, é imposta pelas diferenças de idade de reafectação nos diferentes ecossistemas.

O cálculo do biovolume do indivíduo médio requer, como já foi referido, a medição do biovolume dos 15 indivíduos de cada parcela. Para definir o biovolume, é imperativo medir certos parâmetros dendrométricos (FAO, 1982; Zaâfouri, 1993 e Zaâfouri et *al.*, 1994a e b):

- os diâmetros máximo e mínimo da copa: medidos perpendicularmente ao solo;
- a altura da copa: é a altura entre o ramo verde mais baixo e o topo da árvore;
- a altura da copa no diâmetro máximo: é a altura entre o ramo verde mais baixo e o diâmetro máximo da copa.

Este biovolume é o volume do espaço ocupado pelos ramos, galhos e folhas. Trata-se, na realidade, **de um volume de carga**.

O cálculo do biovolume refere-se a formas geométricas simples com as quais os indivíduos estão relacionados (Barbéro, 1981; Baudin, 1985; Floret, 1988; Zaâfouri, 1993 e Zaâfouri et *al.*, 1994a e b). As formas geométricas encontradas em *A. saligna* nas zonas áridas e desérticas da Tunísia (cf. Zaâfouri, 1993) são :

- um cone cuja base se encontra no topo ou na base do indivíduo;
- dois cones sobrepostos (as suas bases estão no meio do indivíduo);
- uma esfera ;
- uma meia-esfera.

Note-se que estas duas últimas formas podem situar-se quer ao nível do solo, quer alguns centímetros a 1 m acima do nível do solo.

Aplicando fórmulas matemáticas a estas formas geométricas (cf. Zaâfouri, 1993), obtém-se o biovolume de cada indivíduo.

O indivíduo com o biovolume médio de cada parcela foi então colhido e a sua fitomassa depilada foi pesada no campo. Uma amostra de 1 kg foi então seca numa estufa.

Esta abordagem exige uma correlação perfeita entre os parâmetros dendrométricos medidos (altura total, diâmetro do tronco e diâmetro da copa), o biovolume e a fitomassa epígea. A correlação entre estes parâmetros, verificada por nós próprios (Zaâfouri, 1993), é estatisticamente muito significativa (**) a muito significativa (***) ao nível de 5% de probabilidade (quadro 3).

Tabela 3. Matriz de correlação entre parâmetros dendrométricos, biovolume e Fitomassa epígea de *Acacia saligna* (de Zaâfouri, 1993)

	Altura total	Diâmetro do tronco	Diâmetro da copa da árvore	Biovolume
Altura total	-	-	-	-
Diâmetro do tronco	**0,82***	-	-	-
Diâmetro da copa da árvore	**0,78**	**0,87***	-	-
Biovolume	**0,77**	**0,94***	**0,88***	-

2.3 MÉTODO DE ANÁLISE ESTATÍSTICA

A questão colocada por este estudo é explicar a influência dos factores ambientais em zonas áridas e desérticas nos parâmetros de sobrevivência (taxa de sucesso) e produção (fitomassa) da *Acacia saligna*.

Três tipos de análise estatística podem ser utilizados para evidenciar a relação entre os factores ambientais e os parâmetros das espécies (Lamotte, 1962; Decourt et *al.*, 1969; Dagnelie, 1975; Le Tacon, 1975): **(i)** análise de variância, **(ii)** análise multivariada baseada na matriz de coeficientes de correlação e **(iii)** análise não linear. Não entraremos em pormenores sobre estes métodos, as suas vantagens e inconvenientes, que foram amplamente descritos e discutidos pelos autores acima citados e por muitos outros.

Neste estudo, optámos pelo método de análise de variância seguido de uma análise através do teste de Newman-Keuls.

A análise de variância é utilizada para determinar se um conjunto de amostras é ou não homogéneo de acordo com critérios quantitativos e o teste de Newman-Keuls é aplicado a amostras aleatórias simples e a grupos de dimensão desigual (Dagnelie, 1975). É o caso do presente estudo.

A abordagem aplicada nesta análise pode ser resumida da seguinte forma: quando a análise de variância rejeita a hipótese de igualdade de um parâmetro (taxa de sobrevivência ou produção) nos ecossistemas de uma região ecológica ou de um tipo de bioclima, determinamos a probabilidade e a importância desta diferença. O teste de Newman-Keuls a alfa 5% determina os ecossistemas que diferem significativamente, o grau de significância e classifica-os por ordem decrescente em grupos homogéneos (cf. Capítulo 3. Quadros 11 a 15).

Capítulo 2

CONDIÇÕES ECOLÓGICAS DAS ZONAS ÁRIDAS E DESÉRTICAS TUNISINAS E ECOSSISTEMAS AFECTADOS

1. CONDIÇÕES ECOLÓGICAS NAS ZONAS ÁRIDAS E DESÉRTICAS: RESUMO

1.1. CLIMA E BIOCLIMA

Devemos esta panorâmica climática das zonas áridas e desérticas tunisinas aos trabalhos de Coque (1962), Le Houérou (1959, 1969), Floret e Pontanier (1982 e 1984), Saghiri (1991) e Zaâfouri (2020 e 2023).

Em termos de pluviosidade, as zonas áridas e desérticas da Tunísia situam-se entre as isoietas pluviométricas de 100 mm/ano e 200 mm/ano (ver figura 3). [ème]A Tunísia faz parte da zona árida, com uma pluviosidade compreendida entre 100 mm/ano e 350 mm/ano, que cobre cerca de 96 000 km, ou seja, 3/5 da superfície total do país (164 000 km2). As zonas áridas e desérticas da Tunísia cobrem cerca de 30.000 km2. [ème]Isto representa 1/5 da superfície do país e 1/3 da superfície da zona árida.

De um ponto de vista bioclimático, as zonas áridas e desérticas da Tunísia situam-se na zona isoclimática mediterrânica, tal como definida por Daget (1977 a). Pertencem à zona de extensão do bioclima mediterrânico, tal como definido por Emberger (1955). Em 1959, Le Houérou definiu dois estádios e dois sub-estádios bioclimáticos nestas zonas:
- sub-bosque árido com variação temperada a suave ;
- Sub-dimensão superior saariana com variante temperada a quente .

No resto do texto, serão sucessivamente designados por bioclima mediterrânico inferior árido e bioclima mediterrânico superior saariano.

O sub-bosque superior árido com uma variação fria a temperada **(bioclima mediterrânico árido superior)** está muito pouco representado. Aparece nas alturas das cadeias montanhosas baixas (600 mm a 800 m) de Bou Hedma, Orbata e da cadeia de Matmata.

As principais caraterísticas climáticas desta zona desértica árida são a extrema irregularidade da precipitação no espaço e no tempo e a aridez climática. As caraterísticas gerais do clima nestas zonas são :
- baixa pluviosidade: média anual de 148 + 100 mm.
- a precipitação média anual (50% ou mesmo 100%) pode cair no espaço de 24 horas;
- um número muito limitado de dias de chuva: 15 dias/ano a 40 dias/ano;
- Chuva intensa com trovoada que pode exceder 100 mm/h durante 5 minutos;
- um regime pluviométrico, tal como definido por Musset (1934), do tipo inverno-OutonoPrimavera-verão (AHPE) ou outono-inverno-primavera-verão (HAPE). A estação fria (inverno ou outono) é a mais húmida e a estação quente (verão) é seca;
- uma temperatura média anual de 20°C e máximos absolutos de 45 a 50°C ;
- uma amplitude térmica anual de 24°C a 34°C ;
- uma elevada amplitude térmica mensal diurna de 25°C à 35°C;
- Evapotranspiração potencial média elevada, entre 1000 mm/ano e 1800 mm/ano;
- um défice hídrico anual de 5 vezes num ano húmido (P > 200 mm) e de 36 vezes num ano seco (P < 50 mm);
- um período seco, tal como definido por Bagnouls e Gaussen (1953), que é muito longo (9 meses/ano a 12 meses/ano) e começa no final do período frio e húmido (fevereiro);
- ventos violentos de 50 dias/ano para 80 dias/ano);
- ventos quentes e secos (sirocos) do Sara de 25 dias/ano a 75 dias/ano.

1.2. GEOMORFOLOGIA, GEOLOGIA E SOLOS

Os autores acima citados têm o mérito de caraterizar as zonas áridas e desérticas da Tunísia do ponto de vista das formações geomorfológicas (jbels, glacis e planícies), da geologia (calcário, gesso) e das caraterísticas físico-químicas dos solos.

Este trabalho definiu três tipos de formações de solo com as seguintes caraterísticas gerais:

- crostas e crostas calcárias e/ou de gesso. Estas formações datam do Quaternário e fossilizam glaciares de erosão no sopé de cadeias montanhosas e solos salinos em depressões (Chotts e Sebkhas);

- Sedimentos recentes que evoluem para solos castanhos subdesérticos com um horizonte de calcário profundo ou nódulos de calcário-gesso;

- solos crus de clima desértico e acumulações arenosas que cobrem uma grande parte da zona pré-saariana, essencialmente as regiões ecológicas de J'fara e Ouara.

Os principais tipos de solos destas zonas, segundo Floret e Pontanier (1982), são apresentados no **quadro 4**. Estes solos são calcários (25%), gipsíferos (24%) ou halomórficos (19%). Estes tipos de solos representam cerca de 70% das formações pedológicas biologicamente inadaptadas à produção agrícola. Os solos potencialmente produtivos representam apenas 25% e são utilizados para culturas alimentares (horticultura e arboricultura). [ème]Desde o final da década de 90 do século XX, até os solos calcários, gipsíferos e halomórficos têm sido utilizados para culturas alimentares.

Quadro 4. Principais tipos de solos das zonas áridas e desérticas da Tunísia Segundo Floret e Pontanier (1982)

Tipo de solo	Ocupação	
	Área de superfície (ha)	Taxa (%)
Solos com formações arenosas	570 000	19
Solos siltosos dos glaciares e das terras de Segui e solos das zonas de deflação, de espalhamento e de planície	390 000	13
Solos de gesso	720 000	24
Solos calcários esqueléticos: glacis com crosta e crostas calcárias e encostas de montanha	750 000	25
Solos de formações halomórficas: chotts, sebkhas e suas fronteiras	570 000	19
Solos de oásis e zonas irrigadas	17 000	-
Total	**3 017 000**	**100**

De acordo com os mesmos autores, as principais caraterísticas edáficas e hídricas dos solos são :

- baixo teor de matéria orgânica em todos os horizontes: menos de 2%;

- elevados teores de calcário ou gesso, por vezes superiores a 30%;

- texturas finas a grosseiras ;

- níveis por vezes elevados de sais (7 mS/cm a 15 mS/cm): cloreto de sódio, carbonatos e sulfatos de cálcio, potássio e magnésio;

- tendência para que a superfície do solo seja coberta por uma película de cobertura;

- suscetibilidade à erosão hídrica e eólica devido à estrutura do solo e à falta de cobertura vegetal suficiente;

- elevado escoamento das águas pluviais e, consequentemente, baixa infiltração em solos esqueléticos, calcários e gipsíferos, solos inclinados ou solos cobertos por uma camada de argila;

- Os solos argilosos são difíceis de humedecer devido à sua natureza solta. Este tipo de solo tem uma boa capacidade de retenção de água;

- boa infiltração da água da chuva em solos arenosos profundos, mas baixa capacidade de armazenamento de água devido à sua permeabilidade.

As caraterísticas físico-químicas dos solos e a ausência de cobertura vegetal não são factores favoráveis à recarga de água. Não permitem a transferência de reservas de água de um ano para o outro, exceto em anos excecionalmente húmidos e em solos profundos de textura arenosa a franco-arenosa (Bourges et al., 1975).

1.3. VEGETAÇÃO

A caraterização da vegetação das zonas áridas e desérticas tunisinas é uma síntese dos trabalhos de : Le Houérou (1959 e 1969, 1995), Le Floc'h (1979), Floret e Pontanier (1982), Schönenberger (1986 a e b e 1987), Chaieb (1991), El Hamrouni (1992), Akrimi et al. (1995), Auclair e Zaâfouri, 1996, Akrimi et al. (1996), Zaâfouri (1996, 1998, 2020 e 2023), Ouled Belgacem, Zaâfouri (1997), Ferchichi (1999), Jeder et al. (2000).

A nomenclatura das espécies é a das floras tunisinas (Cuénot et al., 1954 e Pottier-Alapetite, 1979 e 1981).

A vegetação natural destas zonas áridas e desérticas é constituída principalmente por formações de estepe dominadas por camfitos e uma relíquia de estepe herbácea. Uma estepe florestal baseada em *Acacia tortilis* (=Acacia *raddiana*), que cobre cerca de 19 000 ha, está confinada à região de Bled Talah. Nas zonas inacessíveis das cadeias montanhosas de Orbata-Bou Hedma e Matmata, encontra-se um matagal muito degradado e esparso à base de *Juniperus phoenicea* ssp. *euphoenicea*, *Rosmarinus officianalis* e indivíduos isolados de *Rhus tripartitum* e *Periploca laevigata*. Encontram-se algumas plantas isoladas de *Calligonum azel*, *Calligonum comosum* e *Ephedra alata* nos barkans de Nefzaoua, Jérid e do Grande Erg Oriental.

As principais formações estepárias das zonas áridas e desérticas da Tunísia são :

-Estepe **com** *Stipa tenacissima*: esta estepe **de** esparto caracteriza os ecossistemas naturais do bioclima mediterrânico de baixa aridez. Encontra-se nas regiões ecológicas das planícies meridionais e da Matmata. Um remanescente muito degradado desta estepe pode ser encontrado em J'fara e a norte de Ouara, no bioclima mediterrânico do alto Sara.

Estepe com *Arthrophytum scoparium*: encontra-se desde o bioclima mediterrânico inferior árido até ao bioclima mediterrânico superior saariano na mesma zona Alfa (fase de degradação da estepe Alfa). Esta estepe coloniza glaciares, crostas e crostas calcárias.

-**Estepe com** *Arthrophytum schmittianum*: o ambiente bioclimático desta estepe é o bioclima mediterrânico do Saara superior. Ocorre em manchas no bioclima mediterrânico inferior e árido.

-**Estepe com** *Artemisia herba-alba*: principalmente nas planícies meridionais e nas regiões de Matmata, no bioclima mediterrânico de baixa aridez. Algumas bolsas encontram-se no bioclima mediterrânico do Saara superior, nos ecossistemas com acumulações aluviais dos rios J'fara e Ouara. Esta estepe resulta da degradação da estepe Alfa em solos franco-argilosos e franco-arenosos.

Estepe **com** *Rantherium suaveolens*: caratcrística dos solos arenosos, esta estepe encontra-se principalmente na região de J'fara, no bioclima mediterrânico inferior árido, e no norte da região de Ouara, no bioclima mediterrânico superior saariano. Está pouco representada nas planícies meridionais e na Matmata.

-Estepe com *Anthyllis sericea*: caraterística do bioclima mediterrânico do Saara superior; ocupa crostas calcárias e por vezes de gesso. Encontra-se a sul da região de J'fara e na região de Ouara.

-Estepe com *Aristida pungens*: de origem antropogénica, pode ser encontrada em todas as zonas áridas e desérticas da Tunísia. Ocupa solos arenosos, acumulações de dunas e ao longo de cursos de água temporários ou episódicos (wadis).

-Estepes zonais: são estepes ligadas principalmente às caraterísticas edáficas do ecossistema. Encontram-se em todas as zonas áridas e desérticas da Tunísia. Estas estepes são constituídas por espécies halófilas, *Arthrocnemum indicum*, *Halocnemum strobilaceum*, *Suaeda* ssp. *etc.*, em meios salinos e por espécies calcarófilas ou gipsofilas em solos calcários ou gipsíferos (*Gymnocarpos decander*, *Atractylis serratuloides*, *Helianthemum kahiricum*, *Zygophyllum album*, *Annarrhinum brevifolium etc.*).

Para além do declínio quantitativo (superfície), as estepes das zonas áridas e desérticas da Tunísia caracterizam-se *por um declínio qualitativo (fraca cobertura vegetal e diversidade florística, desaparecimento de espécies de valor económico e rarefação de espécies-chave). A degradação quantitativa e qualitativa da vegetação natural destas zonas é consequência* da *intensidade das acções antropozóicas levadas a cabo durante um período muito longo (sobrepastoreio e desbravamento) para a* extensão da agricultura de subsistência. *O estatuto destas estepes como ameaçadas de extinção,* tal como definido pela UCIN *(1997 e 1998), é muito avançado. Estão classificadas como* **"Em perigo"**, *ou mesmo* **"Extintas"** *para algumas estepes e algumas espécies.*

1.4. CONTEXTO ANTROPOZOICO

O Office du Développement du Sud (ODS, 2021) estimou a população humana das zonas áridas e desérticas da Tunísia (províncias de Gafsa, Gabès, Médenine e Tataouine) em **1 184 193** habitantes em 2014 (Tab. 5).

Tabela 5. Contexto antropozoico das regiões ecológicas das áreas de estudo
De acordo com o Office de développement du Sud (ODS) (2021)

	Planícies do Sul (Gafsa)	Matmata (Gabès)	J'fara (Médenine)	Ouara (Tataouine)	Total
População	**250 000**	**407 500**	377 240	149 453	1 184 193
Área de superfície (ha)	**780 775**	**716 900**	916 900	3 888 920	6 302 895
-Terras aráveis	248 200	24 360	229 523	200 000	702 083
-Curso	226 000	414 695	605 843	1 508 579	2 755 117
Florestas	206 573	90 561	81 148	-	378 282
-Terrenos baldios	99 902	186 984	186	2 180 321	2 467 413
Efectivos pecuários (cabeças)	**364 504**	**653 339**	601 025	405 670	2 204 538
-Bovinos	13 500	7 600	742	342	22 184
-Ovelha	282 582	452 000	416 624	314 015	1 265 221
-Cabras	65 772	192 200	166 732	79 020	453 724
-Camelos	2 650	1 539	16 927	12 293	33 409

A população rural, que representa cerca de 80%, está dividida em três categorias de acordo com a utilização dos recursos naturais (Zaafouri, 1993; Auclair e Zaâfouri, 1996; Zaafouri et al., 1997; Visser et al., 1997; Ouled Belgacem e Zaâfouri, 1997):
- **Pastores nómadas:** são criadores de ovelhas, cabras e camelos. Dependendo da pluviosidade do ano, esta categoria desloca-se pela área da sua região ecológica em busca de pastagens.
- **Agricultores-criadores:** são simultaneamente cultivadores de terras (arboricultura, cerealicultura e, por vezes, até horticultura comercial) e criadores semi-extensivos de gado: ovinos, caprinos e, por vezes, bovinos. A circulação dos animais é limitada no espaço.
- **Agricultores:** trata-se de agricultores que cultivam a terra com cereais ocasionais, arboricultura de sequeiro (oliveiras) ou culturas de regadio (hortas). Estas populações estão a tornar-se cada vez mais importantes à medida que as duas primeiras se tornam progressivamente agricultores.
O efetivo pecuário das regiões ecológicas estudadas (Tab. 5) foi estimado pelos ODS em 2014 (ODS, 2021) em 2.204.538 cabeças. Os ovinos são o principal tipo de gado (1.265.221 cabeças), seguidos dos caprinos (453.724 cabeças) e dos camelos (33.409 cabeças). O gado bovino representa 22.184 cabeças.
A criação de ovinos, uma prática tradicional, predomina em quase todas as zonas áridas e desérticas tunisinas (Tab. 5) e a criação de caprinos está a tornar-se importante nas zonas degradadas e desertificadas, caracterizadas pelo desaparecimento de boas espécies pastoris e pela multiplicação de espécies de degradação pouco apetecíveis para os ovinos. Os camelos estão a ser criados em zonas áridas (Sebkhas, Chotts, solos salinos, solos de gesso e calcário)
Os bovinos são criados em estabilização e alimentados com forragens e concentrados e, por vezes, com espécies espontâneas exploradas nos ecossistemas naturais.
Embora a superfície das terras das zonas áridas e desérticas da Tunísia consideradas como pastagens naturais (pastagens, florestas e terras não cultivadas "Tab. 5") seja significativa (cerca de 5,27 milhões de hectares), a maior parte é desértica (50% a 75%, sucessivamente, nas províncias de Médenine e Tataouine) ou desértica no sul das províncias de Gafsa e Gabès. Apenas 2,7 milhões de hectares são efetivamente terras de pastagem (Zaâfouri al., 1994b).
Estas pastagens estão muito degradadas e são muito pobres em espécies pastoris (Floret et al., 1973; Schönenberger, 1986b e 1987; Chaieb, 1991; Zaâfouri et al., 1994b; Ferchichi, 1999; Chaieb e Zaâfouri, 2000 e Zaâfouri, 1998, 2020 e 2023).
Os ecossistemas naturais das zonas áridas e desérticas, que desempenhavam um papel dominante no sistema de agricultura pastoril, estão gradualmente a dar lugar a culturas alimentares, principalmente arboricultura (oliveiras) e horticultura comercial. A intensificação das culturas alimentares através de subsídios estatais reduziu o espaço disponível para estes ecossistemas pastoris, empurrando-os para as terras marginais (glacis, regs e solos arenosos). Além disso, estes grupos vegetais, sobreexplorados e com um estatuto muito elevado de "em perigo" ou mesmo "extinto", continuam a sofrer a pressão do gado.
[8]Estes ecossistemas naturais, que constituem as pastagens das zonas áridas e desérticas (cerca de 2,7 milhões de hectares), apenas conseguem produzir 0,18,10 UF/ano (a uma taxa de 30 UF/ha/ano). [8]Produzem apenas 15% das necessidades do gado, estimadas em 5,28,10 UF/ano (Zaâfouri et al., 1994b e Ferchichi, 1999). O défice forrageiro nas zonas áridas e desérticas é, portanto, de 75%.
Para fazer face à degradação das pastagens naturais e colmatar o défice de forragem, a política

nacional recorreu à reafectação destes ecossistemas através da introdução de arbustos não nativos. O objetivo destas introduções é salvaguardar o ambiente das pastagens, melhorar a sua produção forrageira através da criação de reservas permanentes de forragem e ativar a dinâmica da vegetação destes ecossistemas através da regeneração natural. **2. CONDIÇÕES ECOLÓGICAS DOS ECOSSISTEMAS AFECTADOS**

Recorde-se que a zonagem das zonas áridas e desérticas tunisinas permitiu conservar apenas 4 regiões ecológicas (Basses Plaines Méridionales, Matmata, J'fara e Ouara).

2.1. CLIMA DURANTE A DÉCADA DE 1980-1990

Do ponto de vista climático, parece-nos útil salientar que a nossa análise das condições climáticas nestas regiões apenas abrangeu a década de 1980-1990:

2.1.1. A reafectação dos ecossistemas naturais nestas zonas teve lugar no final da década de 1970;

2.1.2. As reservas de água do solo não transitam de um ano para o outro, exceto nos anos de chuva, que só ocorrem um ano em cada cinco, e nos solos profundos e de textura equilibrada. No entanto, estes tipos de solos não são muito extensos e estão reservados à produção agrícola.

A ausência de estações meteorológicas em cada sector ecológico ou ecossistema levou-nos a limitar-nos aos dados climáticos das estações principais: Gafsa para as planícies meridionais, Gabès para o Matmata, Médenine para o J'fra e R'mada para o Ouara. Embora seja complicado generalizar os dados climáticos de uma estação meteorológica regional a todos os ecossistemas, não há outra forma de o fazer. No entanto, não existe outra forma de caraterizar o clima à escala de um ecossistema ou mesmo de um sector ecológico.

2.1.3. Precipitação

As caraterísticas pluviométricas das regiões ecológicas da zona pré-saariana tunisina durante a década de 1980-1990 são apresentadas nos quadros 6 e 7. As principais caraterísticas climáticas desta década são :

-Precipitação média anual de :

* 200,3 mm na região de J'fara (estação de Médenine) ;
* 197,1 mm na região de Matmata (estação de Gabès),
* 187,5 mm na região de Basses Plaines Méridionales (estação de Gafsa);
* 95,2 mm na região de Ouara (estação de R'mada).

-Os anos secos a moderadamente secos (P < 150 mm) variam de 5 a 7 anos, consoante a região.

Os anos moderadamente húmidos (150 mm a 200 mm) são anos de 4 anos.

-Anos excecionalmente húmidos (P > 200 mm) só ocorreram num ano em cinco.

-A estação húmida coincide com a estação fria (novembro-fevereiro) e a estação seca começa logo no final do período húmido e frio (fevereiro-março), coincidindo com temperaturas elevadas.

Tabela 6. Caraterísticas climáticas das regiões ecológicas na década de 1980-1990: Média mensal

Região ecológica	Estação de referência	Parâmetros climáticos	Jan.	Fev.	março	abril	maio	junho	Jul.	agosto	Sete.	Out.	Nov.	Dez.	Meios.
Planícies do Sul	Gafsa	°Temperatura máxima (C)	14,8	17,4	20,6	24,7	29,1	34,3	37,5	36,8	32,6	26,9	20,4	15,9	**25,9**

Região	Estação	Parâmetro													Anual
		°Temperatura mínima (C)	3,8	5,2	7,9	11,1	15,1	19,3	21,9	21,9	19,2	15,0	9,2	5,0	**12,9**
		°Temperatura média (C)	10,7	H,4	14,4	17,8	22,0	26,5	28,9	28,7	25,8	21,1	15,1	11,0	**19,4**
		Precipitação (mm)	41,4	7,7	17,0	15,7	11,1	8,3	EO	8,7	18,6	20,1	20,7	19,3	**189,6**
		Evaporação Piche (mm)	101,3	115,1	169,0	215,0	334,6	334,6	375,6	278,4	235,0	159,9	112,3	87,0	**2183,2**
Matmata	Gabès	°Temperatura máxima (C)	16,5	16,5	18,4	22,3	25,0	27,9	31,1	31,8	30,2	26,9	22,1	17,7	**23,8**
		°Temperatura mínima (C)	7,6	8,6	10,8	14,1	17,4	21,2	23,2	24,2	22,3	18,7	13,3	8,9	**15,8**
		°Temperatura média (C)	12,0	13,5	15,4	18,2	21,2	24,5	27,2	28,0	26,2	22,8	17,7	13,3	**19,8**
		Precipitação (mm)	30,2	12,3	15,5	13,0	4,4	3,6	0,7	0,9	8,2	37,4	34,4	36,5	**197,1**
		Evaporação Piche (mm)	158,8	164,4	169,2	162,3	184,5	176,7	200,5	194,2	178,9	156,0	157,5	146,0	**2049,0**
J'fara	Medenine	°Temperatura máxima (C)	16,9	19,5	21,5	25,8	29,1	33,2	36,2	36,5	33,4	29,0	22,8	16,3	**26,7**
		°Temperatura mínima (C)	7,0	8,3	10,2	13,9	16,5	19,9	22,3	23,2	21,4	18,3	12,6	8,5	**15,2**
		°Temperatura média (C)	H,9	13,9	15,8	19,8	22,8	26,6	29,3	29,8	27,4	23,6	17,7	13,3	**21,0**
		Precipitação (mm)	26,5	12,2	10,8	9,3	4,1	3,0	1,5	1,2	7,0	32,3	50,0	42,4	**200,3**
		Evaporação Piche (mm)	110,6	119,4	156,8	180,1	222,1	224,6	245,9	209,4	160,5	131,8	119,0	102,0	**1982,2**
Ouara	R'mada	°Temperatura máxima (C)	15,8	18,9	21,5	26,7	30,9	35,0	37,3	37,4	34,1	28,9	22,1	16,5	**27,1**
		°Temperatura mínima (C)	6,5	10,0	13,3	17,0	17,0	19,8	21,6	22,4	20,6	17,1	12,0	7,3	**15,4**
		°Temperatura média (C)	H,1	13,5	15,8	20,0	24,0	27,4	29,4	29,9	27,3	23,0	17,0	11,9	**20,9**
		Precipitação (mm)	15,3	6,2	15,0	4,8	3,6	3,1	1,0	1,6	3,2	2,2	18,1	21,1	**95,2**
		Evaporação Piche (mm)	133,4	163,1	195,0	248,9	306,9	315,9	329,9	318,1	248,7	197,2	158,8	121,0	**2736,9**

Quadro 7. Caraterísticas climáticas das regiões ecológicas :
(1) Média anual para a década de 1980-1990
(2) Média de 70 anos

Região ecológica	Estação de referência	Precipitação média anual (mm)	Temperaturas (em C)				Evaporação Piche (mm)	Termómetro de precipitação de Emberger (Q)	Período seco	
			Maxi (M)	Míni mo (m)	Amplitude térmica (M-m)	Média			Bagnouls e Gaussen (P < 2T)	Aubréville (P < 30 mm)
Planícies baixas Méridionale	Gafsa **(1)**	189.6	37.5	3.8	33.7	19.4	2183.2	17.6	11	11
	(2)	163.0	38.1	3.9	34.2	19.3	2858.0	15.8	12	12
Matmata	Gabès	197.1	31.	7.6	24.2	19.8	2049.0	10	10	8

	(1)		8							
	(2)	187.0	32.4	5.9	26.8	19.3	2022.0	12	12	10
J'fara	Medenine (1)	200.3	36.5	7.0	29.5	21.0	1982.2	21.1	9	9
	(2)	144.0	36.8	6.2	30.6	20.5	1096.0	16.0	12	12
Ouara	R'mada (1)	95.2	37.4	6.5	30.9	20.9	2736.9	9.4	12	12

2.1.4. Temperaturas

As temperaturas estão menos sujeitas do que a precipitação a grandes flutuações numa mesma região ecológica. As variações de temperatura nas 4 regiões ecológicas são pequenas e muito próximas umas das outras. Além disso, não diferem significativamente da média num período de 70 anos.

As temperaturas na década de reatribuição 1980-1990 (Tab. 6 e 7) são caracterizadas por :

- temperaturas médias anuais de 19,5°C a 20,9°C. São 19,5°C, 20°C, 20,8°C e 20,9°C, respetivamente, nas Planícies do Sul, Matmata, J'fara e Ouara;

- máximas médias muito elevadas para o mês mais quente (M): 37,5°C na planície meridional; 31,8°C na Matmata; 36,5°C na J'fara e 37,4 na região ecológica de Ouara;

- As temperaturas mínimas médias do mês mais frio (m) variam entre 3,8°C e 7,6°C. A mais baixa é de 3,8°C (região de Basses Plaines Méridionales) e a mais alta é registada nas regiões de Ouara (6,5°C), J'fara (7°C) e Matmata (7,6°C).

- Uma amplitude térmica anual (M - m) de 24,2°C a 33,7°C. A mais elevada é registada na planície meridional (33,7°C) e a mais baixa na Matmata (24,2°C). Nas regiões de Ouara e J'fra, as amplitudes foram de 30,9°C e 29,5°C, respetivamente.

- As temperaturas absolutas na estação quente podem atingir 40°C a 45°C, e mesmo 50°C na região de Ouara (estação de R'mada).

2.1.5. Evaporação e procura evaporativa

A evaporação média anual de Piche é muito elevada em todas as regiões ecológicas. Varia entre 1979,2 mm/ano e 27218 mm/ano (Tab. 6 e 7). Sob a influência do Mediterrâneo, as regiões de J'fara e Matmata caracterizam-se pelos níveis mais baixos de evaporação (1979,2 mm/ano e 2040,7 mm/ano, respetivamente). Em contrapartida, registam-se níveis elevados de evaporação nas regiões ecológicas continentais: 2721,8 mm/ano em Ouara e 2471,2 mm/ano nas Planícies do Sul.

A procura evaporativa anual nestas regiões é muito elevada em comparação com as contribuições anuais de precipitação. Varia de 10,5 vezes na estação húmida (setembro-março) a 31,5 vezes na estação seca e quente (abril-agosto). A evaporação mensal em relação à precipitação mensal é de 2,4 vezes a 26,3 vezes nos períodos húmidos e de 12,4 vezes a 375,6 vezes nos períodos secos e quentes.

2.1.6. Regime de precipitação e duração do período seco

Segundo Le Houérou (1959 e 1969) e Floret e Pontanier (1982), as zonas áridas e desérticas da Tunísia caracterizam-se por dois tipos de regime pluviométrico definidos por Musset (1934):

-Um padrão de precipitação **inverno-outono-primavera-verão (WASS)**;

-um plano **outono-inverno-primavera-verão (AHPE)**.

As estações frias são, portanto, as chuvosas e as quentes são as secas.

Estes padrões de precipitação, registados ao longo de uma série de precipitação de 70 anos (autores acima), foram evidentes durante a década de 1980-1990 nas regiões ecológicas estudadas. São confirmados por Zaâfouri (2020 e 2023) para um período de 20 anos na região de Bled Talah, situada no limite norte das zonas áridas e desérticas.

As regiões ecológicas continentais (Basses Plaines Méridionales e Ouara) são identificadas por um regime pluviométrico **de tipo HAPE**, sendo o inverno a estação mais húmida (Fig. 4). Quanto às duas regiões que se abrem para o Mediterrâneo (Matmata e J'fara), são caracterizadas por um regime pluviométrico **de tipo AHPE**, sendo o outono a estação mais húmida (Fig. 4). Além disso, na região de J'fara, o outono e o inverno caracterizam-se por uma pluviosidade quase idêntica (89,3 e 81,1 mm, respetivamente).

A duração do período seco (Fig. 5), tal como definido por Bagnouls e Gaussen (1953), durante a década de 1980-1990, foi de 11 a 12 meses/ano nas regiões ecológicas continentais (Basses Plaines Méridionales e Ouara) e de 9 a 10 meses/ano nas que abrem para o Mediterrâneo (Matmata e J'fara).

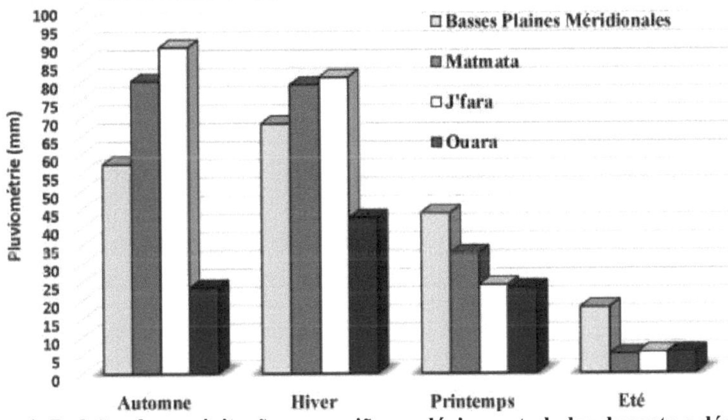

Figura 4: Padrões de precipitação nas regiões ecológicas estudadas durante a década de 1980-1990

Estas durações para uma década são quase as mesmas para uma série de precipitação de 70 anos calculada por Le Houérou (1959 e 1969) e Floret e Pontanier (1982) e Zaafouri (2020 e 2023) para um período de 20 anos (9 meses/ano a 10 meses/ano). O período seco começa logo após a estação das chuvas e estende-se de fevereiro ou março a outubro ou novembro. Um período seco de 12 meses/ano nestas zonas áridas e desérticas é bastante comum (autores citados acima).

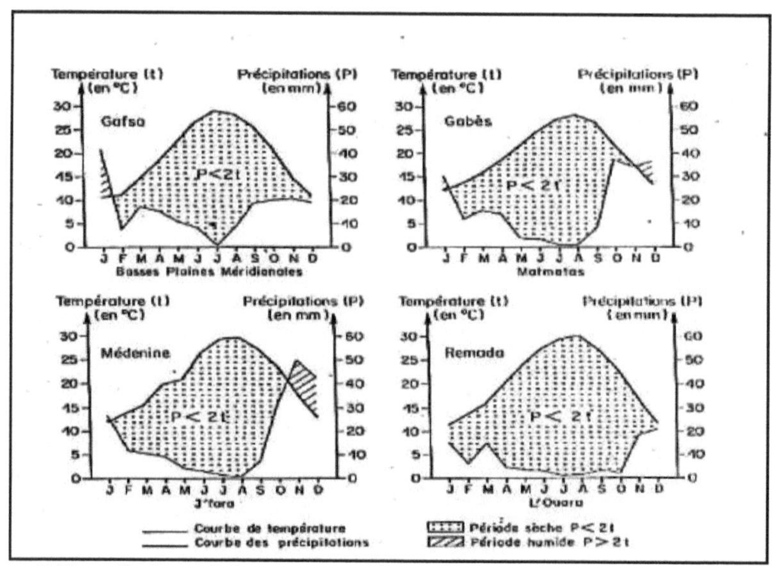

Figura 5. Duração do período seco nas regiões ecológicas estudadas durante a década de 1980-1990

2.2. GEOMORFOLOGIA E SUBSTRATO (Tab. 8 a 11)

2.2.1. Geomorfologia (Fig. 6)

Os ecossistemas reafectados localizam-se em 4 tipos de unidades geomorfológicas: Glaciares, Planícies, Depressões e Leitos de Wadi. Cerca de ¾ (70%) destes ecossistemas estão localizados em glaciares. [ème]Os ecossistemas de planícies ocupam apenas cerca de 1/5 (17%). Os ecossistemas reafectados situados nos glaciares predominam nas regiões ecológicas de Matmata, J'fara e Ouara (60% a 100%). Por outro lado, cerca de 60% dos ecossistemas reafectados das planícies meridionais estão situados em planícies.

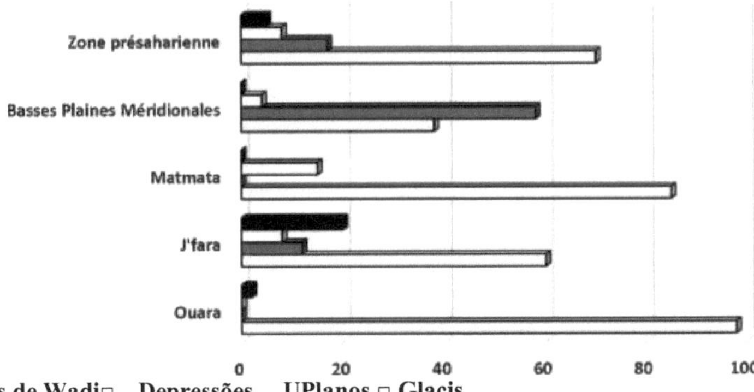

■ Leitos de Wadi□   Depressões   UPlanos □ Glacis

Figura 6. Frequência das unidades geomorfológicas nos ecossistemas reafectados (% da superfície)

2.2.2. Substratos (Fig. 7)

30% a 50% da superfície dos ecossistemas reafectados situa-se em substratos calcários ou de gesso sob a forma de crostas ou de incrustações. O substrato calcário data do Quaternário médio e inicial (Villafranchiano para o mais antigo) e o substrato de gesso data do Quaternário recente. Os solos sem substrato, designados neste estudo por "solos sem rocha", representam apenas 1/5 (20%) da superfície dos ecossistemas reafectados.

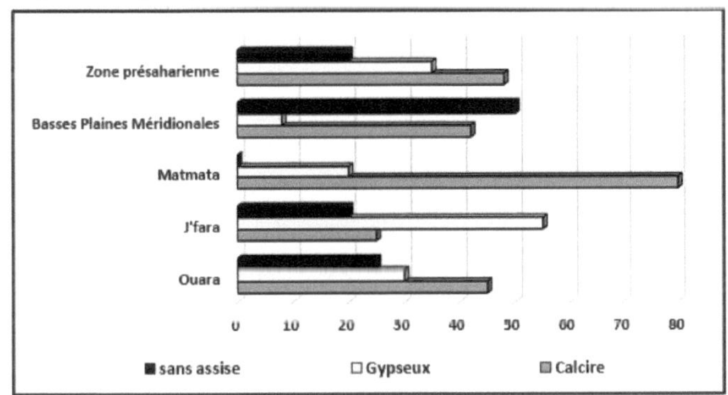

Figura 7. Frequência dos tipos de substrato nos ecossistemas reafectados (% da área de superfície)

Tabela 8. Caraterísticas geomorfológicas, edáficas e florísticas dos sectores e ecossistemas reafectados da região das Terras Baixas do Sul

Sectores ecológicos	Sistemas ecológicos (ecossistemas)		Símbolo	Espessura da camada de mobiliário rio (cm)	Regime hídrico	Teor de camada mole (%)				Salinidade da camada mole (mS)
	Tipo de solo	Facies de vegetação Grau de perturbação				Matéria orgânica	Gesso	Calcário total	Calcário ativo	
Glacis coberto da antiga superfície de Villafranclrienne com crosta **calcária** de cor salmão. **Estepe** de degradação de *Juniperus phoenicea* ssp. *Sviphoenicea*	Sítio ligeiramente desenvolvido com uma espessa camada arenosa solta sobre uma crosta calcária	*Stipa tenacissima, Helianthemum Iippii ssp. Sessiliflorum* e *Salvia verbanica.* **Gradiente**	GCl	60 para IOO	I = P	0,04 à 0,7	0	12,6 à 35	3 à 10	0,5 à 1,8
	Sítio pouco urbanizado com uma camada franco-arenosa muito espessa e sem substrato identificado	*Arthrophytum Schmittianum* e *Arthrophytum scoparium.* **Moderadamente degradado**	GC2	> IOO	I = P	0,3 à 0,4	0	15 à 32,2	3 à 8	0,6 à 2,2
Glacis de gesso sem cobertura de solo. **Estepe** com *Zygophyllum album* e *Annarrhinum brevifolium*	Canal de erosão com crosta de gesso e incrustaçã o	*Annarrhinum brevifolium, Helianthemum ellipticum* e *Gymnocarpos decander.* **Muito degradado**	GGl	0	I = P-R	0,2 à 0,4	23,2 à 55,0	12,7 à 21,8	12 à 20	2,6 à 3,4
Planícies arenosas. Estepe com *Arthrophytum Schmittianum, Artemisia herb a-alb a*	Sítio pouco desenvolvido com uma camada franco-arenosa solta muito	*Helianthemum Iippii ssp. Sessiliflorum QtAristida pungens.* **Moderadamente degradado**	Pl	> 100	I = P	0,1 à 1,7	0	13,8 à 52,5	0 à 15	0,4 à 1,7

e *Hedysarum carnosum*	espessa com um véu eólico, sem substrato identificado									
	Sítio pouco evoluído com camada arenosa solta muito espessa a meso-nebkas, sem substrato identificado	*Asphodelus tenuifolius* e *Aristida pungens.* **Moderadamente degradado**	P2	> 100	I = P	0,04 à 0,3	0	16,1 à 29,9	1 à 4	0,4 à 0,5
Depressão formada no Mio-Plioceno **Estepe** subazonal a *Ziziphus lotus* e *Nitraria retusa*	Sítio pouco desenvolvido com uma camada silto-arenosa espessa e solta, sem substrato identificado	*Ziziphus lotus* e *Salvia verbanica.* **Moderadamente degradado**	Dl	60 à 100	I = P+R	0,6 à 0,9	0,2 à 1	23,6 à 28,2	1 à 4	0,5 à 1,2

I: Infiltração

P: Chuva

R: Runoff

Quadro 9. Caraterísticas edáficas e florísticas dos sectores e sistemas ecológicos reafectados na região de Matmata

Sectores ecológicos	Sistemas ecológicos		Símbolo	Espessura da camada de mobiliário (cm)	Regime hídrico	Teor de camada mole (%)				Salinidade da camada mole (mS)
	Tipo de solo	Facies de vegetação Grau de perturbação				Matéria orgânica	Gesso	Calcário Total	Calcário ativo	
Glacis coberto da antiga	Local de erosão com uma camada	*Thymelaea microphylla* e *Atractylis Serratuloides*	GC3	O a 20	I = P	0.5	0.4	42.5	3	1.4

superfície de Villafranclrie nne com crosta **calcária** de cor salmão **Estepe** para *Arthrophytum Schmittianum* e *Gymnocarpos decander*	arenosa solta muito fina sobre crosta calcária retrabalhada por subsolagem	**Gradiente**								
	Sítio pouco desenvolvido com uma camada arenosa solta e pouco profunda sobre uma crosta calcária retrabalhada por subsolagem e trabalhos de CES (tabias)	*Thymelaea microphylla* e *Polygonum equi setiforme.* **Gradiente**	**GC4**	20 à 60	I = P + R	0.2	0.2 à 0.6	15.9	3 à 11	1.1 à 1.4
	Sítio de erosão com uma camada muito fina de limo arenoso solto sobre uma crosta calcária	*Arthrophytu m Scoparium* e *Atractylis Serratuloides.* **Gradiente**	**GC5**	0 à 20	I = P-R	0.5	0.3	21.3	4.5	2.4

Quadro 10. Caraterísticas edáficas e florísticas dos sectores e sistemas ecológicos reafectados na região de J'fara

Sectores ecológicos	Sistemas ecológicos		Símbolo	Espessura da camada de mobiliário (cm)	Regime hídrico	Teor de camada mole (%)				Salinidade da camada mole (mS)
	Tipo de solo	Facies de vegetação Grau de perturbação				Matéria orgânica	Gesso	Calcário total	Calcário ativo	
Glacis coberto pela superfície antiga	Sítio ligeiramente desenvolvido com	*Rantherium Siiaveolens. Artemisia campestris. Thytnelaea*	GC6	20 à 60	I = P-R	0.2 à 1	0.03 à 2.8	12.7 à 58.5	1 à 4.5	0.5 à 1.6

	uma camada solta e pouco profunda de limo arenoso sobre uma crosta calcária	*microphylla e Aristida pungens.* **Gradiente**								
Villafranclrie nne desmantelada com crosta **calcária** de cor salmão. **Estepe** para *Rantherium Suaveolens* e *Asphodehts noticias refr*	Sítio ligeiramen te evoluído com uma camada arenosa fina e solta sobre uma crosta calcária com mesonebk has e um lençol de areia	*Rantherium Siiaveolens. Artemisia campestris Thymelaea microphylla e Aristida pungens.* **Gradiente**	GC7	20 à 60	I = P	0 à 0.5	0.1 à 5.3	16.5 à 50.8	0.5 à 15.5	0.6 à 1.6
	Sítio ligeiramen te evoluído com camada arenosa solta espessa sobre crosta calcária espessa com meso-nebka e lençol de areia	*Rantherium Siiaveolens. Artemisia campestris, Thymelaea microphylla e Aristida pungens.* **Gradiente**	GC8	60 à 100	I = P	0 à 0.5	0.03 à 0.7	9 à 26.6	0 à 5	0.5 à 1
Cobertura do **glacis** com crostas **de gesso** e crostas. **Estepe** para *Rantherium Suaveolens* e *Lygeum spar turn*	Sítio ligeiramen te urbanizado com uma camada de tranco-arenosa solta sobre uma crosta de gesso	*Rantherium Suaveolens. Thymelaea microphylla e Gymnocarpo s decander.* **Muito degradad o**	GG2	20 à 60	I = P	0.05 à 0.3	0.4 à 21.20	11.1 à 25.5	0 à 5.5	0.5 A 3
Estepe de planície arenosa com	Sítio pouco desenvolvido com uma camada arenosa fina e solta	*Arthrophytum Schmittianum e Aristida pungens.* **Muito**	P3	20 à 60	I = P	0.1 à 0.4	0à0,2	11.5 à 49	0.5 à 2	0 à 0.6

Arthrophytum Schmittianum e *Aristida pungens*	sobre uma crosta calcária	**degradado**								
	Sítio pouco evoluído com uma camada arenosa solta muito espessa, sem substrato meso-nebka e lençol de areia identificados	*Arthrophytum Schmittianum e Aristida pungens.* **Bom estado**	**P4**	> IOO	I = P	0.1 à 0.2	0.04 à 1	11.5 à 16,3	0 à 13	0 à 0.5
	Sedimento lialomórfico de alimentação eólica com uma camada arenosa fina e solta sobre uma crosta de gesso	*Pituranthos tortuosas.* **Gradiente**	**P5**	20 à 60	I = P	0 à 0.4	10 à 15.7	15,7 à 21.3	1 à 8.5	5,2 à 10.2
Terraços de wadi baixos e médios **Estepe** com *Rantherium Suaveolens* e *Artemisia Campestris*	Sítio aluvial ligeiramente desenvolvido com uma camada arenosa solta muito espessa, sem substrato identificado	*Artemisia Campestris* e *Gymnocarpos decander.* **Gradiente**	**BMTl**	> 100	I = P + R	0.13 à 0.53	0,1 à 3	12.5 à 52.1	0.1 à 12.5	0.4 à 4,8
	Sedimentos lialomórficos de alimentação eólica com uma camada arenosa espessa e solta sobre uma crosta de gesso com uma camada escorregadia.	*Imperata Cylindriea* e *Arthrocnemum indicum.* **Bom estado**	**BMT2**	60 à 100	I = P + R	Onde 1	OàlO	0 à 11.5	0	5 à 19.2
Depressão com crosta **de** **gesso** e crostas **Estepe** com *Rantherium Suaveolens* e *Lygeum spar turn*	Erosão na crosta de gesso	*Artemisia Campestris* e *Aristida pungens.* **Muito degradado**	**D2**	0 à 20	I = P-R	0 à 0,3	1.4 à 75.3	15 à 18.5	2 à 4,5	3.1 à 6.7
	Camada arenosa solta ligeiramente evoluída sobre calcário a crosta meso-nebka	*Artemisia Campestris* e *Aristida pungens.* **Muito degradado**	**D3**	20 à 60	I = P + R	0,2 à 0.4	1.4 à 8.5	13 à 17,6	1.5 à 4	2,3 à 3
	Sedimento ialomórfico com uma camada arenosa fina e solta sobre uma	*Arthrocnemum indicum* e *Aerolopus littoralis.* **Gradiente**	**D4**	20 à 60	I = P + R	0.2 à 0.4	1 à 10.5	15.5 à 35.3	3,5 à 16.5	5 à 11.5

crosta de gesso										

Tabela 11. Caraterísticas edáficas e florísticas dos sectores e sistemas ecológicos reafectados na região IOuara

Sectores ecológicos	Sistemas ecológicos		Símbolo	Espessura da camada de mobiliário (cm)	Regime hídrico	Teor de camada mole (%)				Salinidade da camada mole (mS)
	Tipo de solo	Facies de vegetação Grau de perturbação				Matéria orgânica	Gesso	Calcário total	Calcário ativo	
Glacis coberto da antiga superfície desmantelada de Villafranclrienne com **crosta calcária** de cor salmão **Estepe** com *Anthyllis sericea* ssp. *Heoniana e Gymnocarpos decander*	Local de erosão com uma camada arenosa solta e pouco profunda sobre uma crosta calcária retrabalhada por subsolagem	*Anthyllis sericea* ssp. *Heoniana* e *Arthrophytum Schmittianum*. **Gradiente**	GC9	20 à 60	I = P	0.2 à 0.4	0.4 à 0.7	18.2 à 35.5	0 à 11.5	0.8 à 1.2
	Sítio pouco desenvolvido com uma camada arenosa solta muito espessa, sem substrato identificado	*Arthrophytum Schmittianum* e *Helianthemum Iippii var. intricatimi.* **Muito degradado**	GCIO	> 100	I = P	0.1 à 0.3	0.3 à 0.9	15,4 à 18.2	0 à 14,5	0.4 à 1.4
Glacis de gesso mais ou menos cobertos **Estepe** *com Anthyllis sericea* ssp. *Heoniana e Gymnocarpos decander*	Sítio ligeiramente evoluído com uma camada arenosa-siltosa solta sobre uma crosta de gesso	*Arthrophytum Schmittianum* e *Anthyllis sericea* ssp *Heoniana.* **Muito degradado**	GG3	20 à 60	I = P	0.3 à 1.2	19,4 à 29.5	10.2 à 17.5	0 à 7	0,5 à 3.5
	Erosão eólica em crostas de goooo	*Arthrophytum Schmittianum* o *Atraotylis Serratuloides*	GG4	0	I = P-R	0.1 à 1.1	55,2 à 69.9	13.6 à 11.1	6 à 12	2,4 à 4.5

		Muito degradado								
Terraços de wadi baixos e médios Estepe subazonal com *Retama raetam* e *Nitraria retuşa*	Sítio pouco desenvolvido com uma camada arenosa-siltosa fina e solta sobre crostas nodulares	*Retama raetam* e *Polygonum equi setiforme.* **Muito degradado**	BMT3	20 à 60	I = P+R	0,1 à 0,5	14.5 à 18.2	2,5 à 14.5	1.5 à 4.5	0.2 à 4.5

O substrato calcário é dominante nas regiões de Matmata (cerca de 80%), Ouara e Basses Plaines Méridionales (45% e 42% respetivamente). O substrato de gesso encontra-se principalmente nas regiões ecológicas de J'fara (> 55%) e Ouara (30%). Os solos sem substrato estão representados na região ecológica de Basses Planes Méridionale (50%), ausentes na região de Matmata e pouco representados nas regiões de J'fra e Ouara (20% e 25% respetivamente).

2.3. SOLOS (Tab. 8 a 11)

2.3.1. Tipos, salinidade e comportamento da água

Os solos dos ecossistemas afectados das regiões áridas e desérticas da Tunísia são **solos pouco evoluídos, não climácicos, com aporte eólico. Os solos de contribuição mista** (eólica, aluvial e coluvial) estão pouco representados e encontram-se em certos ecossistemas de planícies, depressões e leitos de wadi. **Os solos de erosão, os solos minerais brutos e os solos halomórficos** estão bastante bem representados. Estes tipos de solos caracterizam-se por um teor muito baixo de matéria orgânica (< 2%) e por uma película de cobertura quase generalizada.

Os 6 ecossistemas reafectados nas Terras Baixas do Sul caracterizam-se por **solos que evoluíram pouco, mas não climatologicamente, em resultado de contribuições mistas (eólica e aluvial).** Apenas um ecossistema é do tipo **de solo de erosão hídrica gipsoide.** O teor total de calcário é geralmente elevado (13,8% a 59,1%) e o teor de calcário ativo em alguns solos é também elevado (>15%). O pH é ligeiramente básico (7,5 a 8,5). Os solos dos ecossistemas reafectados nesta região nunca são ou são apenas ligeiramente salgados (C.E < 4 mS/cm).

Os solos dos ecossistemas desta região ecológica são reservatórios de água bastante bons, com exceção do ecossistema de erosão hídrica do gesso. Os solos com um horizonte silto-arenoso ou silto-argiloso mais ou menos impermeável em profundidade oferecem as condições hídricas mais favoráveis à vegetação. Por outro lado, certos tipos de ecossistemas apresentam solos com o inconveniente de serem filtrantes (baixa capacidade de retenção) e outros apresentam uma crosta ou crosta superficial impermeável ou uma camada de capeamento que acentua o escoamento e reduz a infiltração.

Os 3 ecossistemas reafectados da região de Matmata são definidos por **solos pouco evoluídos pela erosão hídrica,** retrabalhados por subsolagem. Eles são ricos em calcário (15% a 42%). Estes solos nunca são salgados (C.E < 2,5 mS/cm) e o teor total de calcário é elevado (13,8%

a 59,1%), sendo alguns tipos de solos ricos em calcário ativo (> 11%). O pH é ligeiramente básico (7,5% a 8,5%). O balanço hídrico, favorecido pela subsolagem e pelas obras de conservação da água e do solo (tabias), é geralmente positivo (infiltração = precipitação + escoamento).

Os 12 ecossistemas reafectados da região de J'fara caracterizam-se por solos, na sua maioria, **pouco desenvolvidos devido a contribuições eólicas ou mistas** (eólicas e hídricas). Os ecossistemas com **solos halomórficos** também estão representados, mas não estão muito desenvolvidos. Em função da natureza do substrato, os solos dos ecossistemas com substratos calcários são ricos em calcário total (de 9% a 58,5%) e calcário ativo (>11%) e os dos ecossistemas com substratos gipsíferos são ricos em gesso, que pode atingir 21%. O pH é neutro a ligeiramente básico (7 a 8,9). A salinidade é baixa (C.E. < 4 mS/cm) na maioria dos ecossistemas. No entanto, é elevada nos ecossistemas halomórficos (5 mS/cm a 15,6 mS/cm). A infiltração da água da chuva é baixa na maioria dos ecossistemas devido ao afloramento de crostas e crostas, e é elevada nos ecossistemas de planícies, terraços baixos e médios e leitos de wadi.

A reafectação na região de Ouara foi efectuada em 5 ecossistemas. A quase totalidade dos solos eram **solos pouco desenvolvidos, não climáticos, com aportes eólicos ou aluviais**, ou solos **mistos** (eólicos e hídricos). Os solos **com pouco desenvolvimento devido à erosão hídrica e eólica** também estão representados, mas são pouco frequentes. O pH é ligeiramente básico (7,5 a 8,7). Estes solos são ricos em calcário (10,2% a 35,5%) ou em gesso (até 69,9%) consoante a natureza do substrato. Nunca são salgados (C.E < 2 mS/cm). Consoante a disposição da topossequência, o balanço hídrico do solo é negativo devido ao escoamento ou positivo nas depressões, nos terraços baixos e médios e nos leitos de wadi (infiltração + escoamento).

2.3.2. Textura e estrutura (Fig. 8)

A textura arenosa a franco-arenosa dos solos é predominante nos ecossistemas afectados das zonas áridas e desérticas da Tunísia. Os horizontes profundos (> 80 cm) são frequentemente caracterizados por uma textura siltosa fina, por vezes argilosa. Os solos dos leitos dos wadi são aluviais ou coluviais. Os solos com uma textura arenosa-gesso ou arenosa-calcária estão amplamente representados. A estrutura destes solos é geralmente poliédrica.

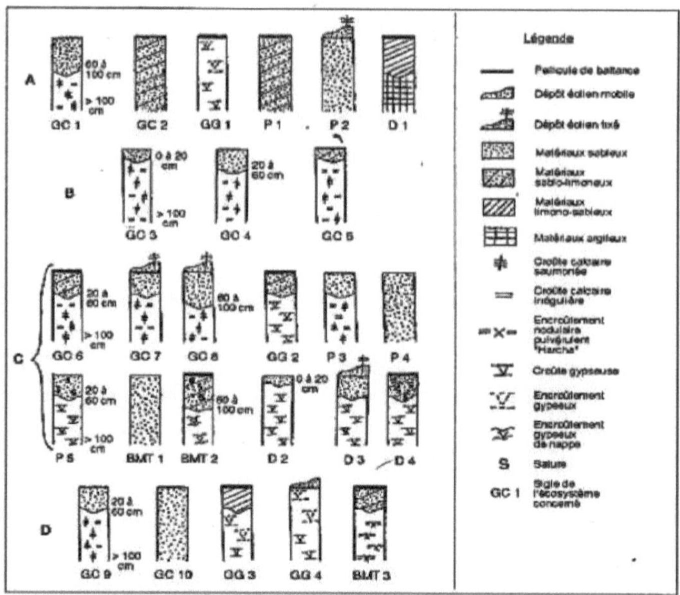

Figura 8. Perfis de solo dos ecossistemas reafectados

A: Planícies do Sul **B:** Matmata **C:** J'fara **D:** l'Ouara

2.3.3. Espessura da camada solta

A espessura da camada mole nos solos dos ecossistemas reafectados depende da posição do ecossistema na toposequência e, consequentemente, do tipo de sector ecológico. Distinguem-se 4 espessuras de camada mole:

- Camada solta muito fina: 0 cm a 20 cm.
- Camada solta superficial: 20 cm a 60 cm.
- Camada espessa e solta: 60 cm a 100 cm.
- Camada solta muito espessa: > 100 cm

Em geral, os ecossistemas situados nos glaciares caracterizam-se por solos com uma camada solta muito fina a fina (0 cm a 20 cm e 20 cm a 60 cm). Os localizados em planícies e leitos de wadi são caracterizados por solos com uma camada solta espessa a muito espessa (60 cm a 100 cm e mesmo mais de 100 cm). Quase 1/3 (60%) da superfície dos solos nos ecossistemas reafectados é definida por uma camada solta com menos de 60 cm de espessura (muito fina a fina).

Nas Planícies do Sul (Fig. 9), 84% da superfície dos ecossistemas reafectados é caracterizada por solos com camadas soltas espessas a muito espessas (60 cm a +100 cm). Em contrapartida, na Matmata (Fig. 9), 100% dos ecossistemas reafectados têm camadas soltas muito finas a finas (< 60 cm). E 60% a 70% das superfícies dos ecossistemas reafectados em J'fara e Ouara (Fig. 9) são identificadas por camadas soltas muito finas a finas (< 60 cm). Alguns ecossistemas destas duas últimas regiões são caracterizados pelo afloramento de uma crosta de gesso e os da Matmata por uma ou mais crostas calcárias.

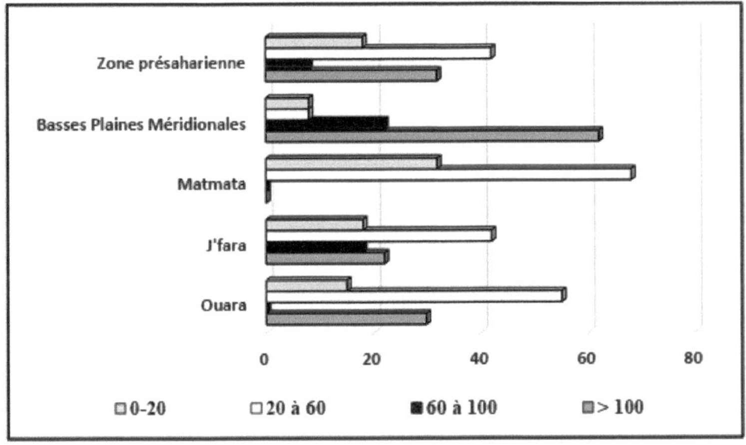

Figura 9. Frequência da espessura da camada mole dos solos nos ecossistemas reafectados (% da superfície)

2.4. GRUPOS VEGETAIS E FACES DE DEGRADAÇÃO (Tab. 8 a 11)

Constatamos que a cobertura vegetal nos ecossistemas afectados nas zonas áridas e desérticas é muito baixa (10% a 30%). Não ultrapassa os 40% nos ecossistemas onde as condições ecológicas são mais favoráveis (Zaâfouri, 1993, 1998, 2000 e 2003).

A vegetação dos ecossistemas reafectados é dividida em grupos de plantas e fácies de degradação.

2.4.1. Grupos e fácies das terras baixas do Sul

Os grupos vegetais e as fácies descritas nesta região são :

* Degradação da floresta de *Juniperus phoenicea* ssp. *euphoenicea*. Inclui 2 fácies:

* *Stipa tenacissima, Helianthemum Lippii* ssp. *sessiliflorum e Salvia verbanica*

* *Arthrophytum schmittianum* e *Arthrophytum scoparium*

* Agrupamento com *Zygophyllum album* e *Annarrhinum brevifolium*. Trata-se de uma única fácies com *Annarrhinum brevifolium, Helianthemum ellipticum* e *Gymnocarpos decander.*

* Grupo com *Arthrophytum schmittianum, Artemisia herba-alba* e *Hedysarum carnosum.* Contém 2 fácies:

* *Helianthemum Lippii* ssp. *sessiliflorum* e *Aristida pungens*

* *Asphodelus tenuifolius* e *Aristida pungens*

* Grupo sub-azonal com *Ziziphus lotus* e *Nitraria retusa*. Apenas uma fácies está representada: a fácies *Ziziphus lotus e Salvia verbanica*.

2.4.2. Grupos e fácies no Matmata

Um único agrupamento abrange os ecossistemas reafectados do Matmata:

* Grupo com *Arthrophytum scoparium* e *Gymnocarpos decander*. Este agrupamento compreende 3 fácies:

* *Thymelaea microphylla* e *Atractylis serratuloides*

* *Thymelaea microphylla* e *Polygonum equisetiforme*

* *Arthrophytum scoparium* e *Atractylis serratuloides*

2.4.3. Grupos e fácies do J'fara

Os grupos vegetais e as fácies descritas no J'fara são :

* Grupo com *Rantherium suaveolens* e *Asphodelus refractus*. Estão representadas 2 fácies:

* *Rantherium suaveolens*, *Artemisia campestris*, *Thymelaea microphylla* e *Aristida pungens*

* *Rantherium suaveolens*, *Artemisia campestris* e *Aristida pungens*, abrangendo dois ecossistemas diferentes

-Grupo com *Rantherium suaveolens* e *Lygeum spartum*. É constituído por uma única fácies com *Rantherium suaveolens*, *Thymelaea microphylla* e *Gymnocarpos decander*.

-Grupo com *Arthrophytum schmittianum* e *Aristida pungens*. Contém 2 fácies :

*Arthrophytum *schmittianum* e *Aristida pungens*

*Pituranthos *tortuosus*

-Grupo com *Rantherium suaveolens* e *Artemisia campestris*. Inclui 2 fácies:

*Artemisia *campestris* e *Gymnocarpos decander*

*Imperata *cylindrica* e *Arthrocnemum indicum*

-Grupo com *Rantherium suaveolens* e *Lygeum spartum*. Fecha 2 fácies:

*Artemisia *campestris* e *Aristida pungens*

Arthrocnemum indicum e *Aerolopus littoralis*

2.4.4 Grupos e fácies do Ouara

Os grupos vegetais e as fácies de degradação do Ouara são :

* Grupo com *Anthyllis sericea* ssp. *Heoniana* e *Gymnocarpos decander*. É constituído por 4 fácies:

* *Anthyllis sericea* ssp. *Heoniana* e *Arthrophytum schmittianum*

* *Arthrophytum schmittianum* e *Helianthemum Lippii* var. *intricatum*

* *Arthrophytum schmittianum* e *Atractylis serratuloides*

* *Arthrophytum schmittianum* e *Anthyllis sericea* ssp. *heoniana*

-Grupo subazonal com *Retama raetam* e *Nitraria retusa*. Inclui uma única fácies: fácies com *Retama raetam* e *Polygonum equisetiforme*.

3. RESUMO ECOLÓGICO

As condições climáticas do decénio de reafectação (1980-1990) classificam as regiões ecológicas das planícies meridionais, Matmata e J'fara no tipo **de bioclima mediterrânico árido de sub-bosque inferior** e a região de Ouara no **bioclima mediterrânico saariano de sub-bosque superior**. As variantes térmicas (invernos) são, respetivamente, temperado, quente e suave e suave a quente. Estes tipos de bioclima são os definidos por Le Houérou (1959 e 1969) e Floret e Pontanier (1982). O regime pluviométrico das regiões ecológicas de Matmata e J'fara, que se abrem para o Mediterrâneo, é do tipo **outono-inverno-primavera-verão (AHPE)**. Nas regiões continentais (Baixas Planícies Méridionais e Ouara), é do tipo **inverno-outono-primavera-verão (HAPE)**. Assim, qualquer que seja a localização geográfica das regiões, as chuvas caem na estação fria (outono ou inverno) e a estação seca, que começa imediatamente após a estação fria, é uma estação quente. A estação seca dura entre 9 e 12 meses por ano.

As principais caraterísticas da precipitação nestas zonas áridas e desérticas são: **(i)** quantidades baixas (95 mm/ano a 200 mm/ano), **(ii)** irregularidade (anos sem chuva), **(iii)** intensidade elevada (50 mm numa hora) e **(iiii)** má distribuição ao longo do ano (3 mm/mês a 50 mm/mês). A evapotranspiração é de 1000 mm/ano a 2700 mm/ano e o período seco é muito longo (9 meses/ano a 12 meses/ano).

A seca climática (9 meses/ano a 12 meses/ano) nas zonas áridas e desérticas constitui uma limitação ao sucesso das espécies alóctones introduzidas para a reafectação dos ecossistemas naturais. A fraca pluviosidade (3 mm/mês a 50 mm/mês no máximo) e a curta duração (3 meses/ano a 4 meses/ano) não correspondem à capacidade evaporativa mensal dos solos (100 mm/mês a 328 mm/mês) e não coincidem com o ciclo vegetativo das espécies introduzidas (cf. Cap. 1. § 1.4).

Estes condicionalismos climáticos são geralmente acentuados ou atenuados pela localização do ecossistema na toposequência geral (glacis) e pela intensidade da aridez edáfica (7 meses/ano a 9 meses/ano). Esta é uma consequência das caraterísticas geomorfológicas e físico-químicas dos solos e da fraca cobertura vegetal (10% a 30%).

A aridez climática nos ecossistemas glaciares e de encosta é geralmente acentuada pela aridez edáfica devido à extensão do escoamento e à fraca infiltração das águas pluviais. Em contrapartida, nos ecossistemas de planícies, depressões e leitos de wadi, a aridez climática é relativamente atenuada (águas pluviais e escoamento).

A aridez climática e a aridez edáfica que prevalecem nas zonas áridas e desérticas tunisinas são factores que limitam o sucesso da reafectação. Nestas condições de stress climático e edáfico, o sucesso da reafectação depende mais frequentemente das condições de pluviosidade, da situação geomorfológica e das caraterísticas edáficas. O estabelecimento, a sobrevivência e a produção das espécies alóctones introduzidas e, por conseguinte, o êxito da reafectação como técnica de criação de novos ecossistemas produtivos, seriam muitas vezes problemáticos.

Capítulo 3

RESPOSTAS da *Acacia saligna* AS CONDIÇÕES ECOLOGICAS
DOS ECOSSISTEMAS AFECTADOS

A Acacia saligna é o arbusto alóctone mais utilizado na reafectação de ecossistemas naturais nas zonas áridas e desérticas da Tunísia. Ocupou entre 45,3% e 96,6%, e em média 72,5%, das áreas reafectadas nestas zonas durante a década de 1980-1990. A escolha da *Acacia saligna* entre uma dezena de arbustos introduzidos faz com que as superfícies ocupadas pelos outros arbustos (algumas dezenas de metros quadrados) não permitam uma análise estatística credível.

Constatamos que os parâmetros de avaliação da resposta da *Acacia saligna* às condições ecológicas dos ecossistemas reafectados são :

-a taxa de sucesso ;

-o nível de produção da árvore de biovolume médio (fitomassa epigrafada) ;

e que o tratamento estatístico é uma análise de variância seguida do teste de Newman-Keuls com um limiar de probabilidade de 5% (cf. Cap. 1. § 2.3).

1. COMPORTAMENTO EM RELAÇÃO ÀS CARACTERÍSTICAS GEOMORFOLÓGICAS E EDÁFICAS

1.1. COMPORTAMENTO NOS ECOSSISTEMAS DAS TERRAS BAIXAS DO SUL

6 ecossistemas, situados em 4 sectores ecológicos, foram reafectados nesta região. A análise de variância das taxas de sucesso e dos níveis de produção *de Acacia saligna* revelou diferenças significativas (alfa = 2%) e muito significativas (alfa = 0,1%) entre os ecossistemas, respetivamente. A comparação através do teste de Newman-Keuls ao limiar de 5% de probabilidade revelou dois grupos homogéneos para as taxas de sucesso e 4 grupos para os níveis de produção (Tab. 12).

Quadro 12. Níveis de sobrevivência e produção de *Acacia saligna* nos ecossistemas do Terras baixas do Sul. Comparação pelo teste de Newman-Keuls (alfa = 5%)

Sucesso das plantas			Níveis de produção (biomassa descascada da árvore de biovolume médio)		
Tipo de ecossistema	Taxa (%)	Grupo de ambientes homogéneos	Tipo de ecossistema	Kg de DM/ano	Grupo de ambientes homogéneos
D1	69,0		P2	17,4	A
GC1	52,5	A	GC2	4,6	
GG1	42,7		P1	2,8	B
GC2	31,7		D1	2,3	
P1	18,0	B	GC1	1,1	C
P2	10,0		GG1	0,2	D

A análise das taxas de sucesso nos ecossistemas da região das Terras Baixas do Sul revela dois grupos (Tab. 12). Um primeiro grupo com taxas de sucesso relativamente elevadas (31,7% a 69%) e um segundo grupo com taxas de sucesso baixas (10% a 18%).

O primeiro grupo homogéneo é constituído por ecossistemas com solos relativamente pouco desenvolvidos, com uma camada solta muito espessa (60 cm a 100 cm), localizados em sectores ecológicos de depressões (D1) ou em glaciares calcários cobertos por uma camada solta espessa a muito espessa (GC1). Note-se igualmente que os ecossistemas em sectores de glaciares de gesso sem cobertura de solo (GG1) são também classificados neste grupo. Este facto pode ser explicado pelos trabalhos de salvaguarda (replantação e rega) que duram 3 anos. O segundo grupo inclui os ecossistemas dos sectores de planície (P1 e P2) com uma camada solta muito espessa (>100 cm) coberta por morfologias eólicas acentuadas (velas eólicas ou dunas).

Registam-se taxas de sucesso superiores a 50% nos ecossistemas de depressões com solos de uma espessa camada solta sem substrato identificado até uma profundidade de 100 cm (D1) e em glacis calcários com uma espessa camada solta (> 60 cm) com um substrato impermeável até uma profundidade de 100 cm (GC1). Nestes tipos de ecossistemas, a situação geomorfológica e a espessura da camada solta criam um regime hídrico favorável: a infiltração é igual à precipitação mais o escoamento superficial.

Com exceção dos sectores ecológicos com morfologias eólicas, as taxas de sucesso da *Acacia saligna* nos ecossistemas da região das planícies do Sul parecem ser pouco afectadas pela situação geomorfológica (glaciar, depressão, planície) e pelas caraterísticas físico-químicas dos solos (natureza do substrato, natureza e espessura da camada mole, calcário, salinidade). A técnica utilizada para preparar o solo, plantar as plantas e, sobretudo, proteger e manter as plantas (replantação e rega) durante os três primeiros anos explica esta ligeira diferença.

As morfologias eólicas acentuadas (velas e dunas acentuadas) enterram as plantas jovens que não apresentam as caraterísticas das espécies adaptadas a este tipo de morfologias eólicas, tal como definidas por Bendali (1987).

Ao contrário das taxas de sucesso, os níveis de produção de *Acacia saligna* nos ecossistemas afectados da região ecológica das Terras Baixas do Sul são influenciados pela situação geomorfológica e pelas caraterísticas edáficas. A localização na topossequência geral (geomorfologia), a espessura da camada mole, a natureza do substrato e a morfologia do vento são os parâmetros edáficos que mais determinam a produção deste arbusto. A análise dos dados de produção revela 4 grupos de níveis de produção (Tab. 11).

O primeiro grupo homogéneo (P2), cuja produção é a mais notável (17,4 kg DM/ano), inclui ecossistemas de planície com solos de camada solta muito espessos (> 100 cm) cobertos por morfologias eólicas fixas (micro ou meso-nebkhas). O segundo grupo inclui ecossistemas com solos soltos espessos a muito espessos (60 cm a +100 cm) em planícies, depressões e glaciares calcários (2,3 kg MS/ano a 4,6 kg MS/ano) (GC2, P1 e D1). O terceiro grupo inclui ecossistemas de glacis calcários (GC1) com solos de uma camada solta espessa a muito espessa (60 cm a 100 cm) e glacis calcários sem cobertura de solo (GG1). A produção é, sucessivamente, de 1,1 kg de MS/ano e de 0,2 kg de MS/ano.

A presença de uma morfologia eólica fixa (micro ou meso-nebkas) nos ecossistemas dos sectores de planície, cujo solo se caracteriza por uma camada solta espessa a muito espessa (60 cm a 100 cm), melhora a produção de fitomassa da *Acacia saligna* de 4 a 17 vezes em comparação com os outros tipos de ecossistemas, independentemente da natureza do substrato e da espessura da camada solta. A capacidade de infiltração e de armazenamento da água (águas pluviais e de escoamento) e a limitação da evaporação do solo pelos padrões de vento explicam este nível de produção muito elevado (17,4 kg de MS/ano).

Os factores que limitam a produção de *Acacia saligna* nos ecossistemas da região das Terras Baixas do Sul são :

- **a situação geomorfológica: glacis calcários ou de gesso com uma camada fina (< 20**

cm). Neste tipo de ecossistemas, o escoamento das águas pluviais é significativo e a infiltração da água é, por conseguinte, limitada;
- o afloramento de uma crosta calcária ou de gesso à superfície;
- o elevado nível de calcário ativo na camada solta (> 12,6%);
- o teor de gesso do solo (> 23,2%);

1.2. COMPORTAMENTO NOS ECOSSISTEMAS MATMATA

Três ecossistemas, situados num único sector (glacis calcário), foram reafectados na região ecológica de Matmata. A análise da variância das taxas de sucesso *da Acacia saligna* não foi significativa ao nível de 5% de probabilidade (um único grupo). No entanto, a diferença nos níveis de produção foi altamente significativa (alfa = 0,1%). O teste de Newman-Keuls dos níveis de produção ao nível de 5% de probabilidade revela dois grupos homogéneos (Tab. 13).

Quadro 13. Níveis de sobrevivência e produção de *Acacia saligna* nos ecossistemas de Matmata. Comparação pelo teste de Newman-Keuls (alfa = 5%)

Sucesso das plantas			Níveis de produção (biomassa das árvores com biovolume médio)		
Tipo de ecossistema	Taxa (%)	Grupo de ambientes homogéneos	Tipo de ecossistema	Kg de DM/ano	Grupo de ambientes homogéneos
GC4	70,3		GC4	3,3	A
GC5	68,7	A	GC3	1,3	B
GC3	60,0		GC5	1,0	B

As taxas de sucesso da *Acacia saligna* nos ecossistemas desta região variam entre 60% e 70,3%, independentemente das caraterísticas edáficas dos solos. O ecossistema onde se utiliza a subsolagem e as tabias (GC4) e o ecossistema onde se utiliza a subsolagem simples (GC5) apresentam as taxas de sucesso mais elevadas, com 70,3% e 68,7%, respetivamente. **A subsolagem e os trabalhos de conservação da água e do solo (tabiques) têm uma influência notável na taxa de sobrevivência da *Acacia saligna* (60% a 70%). A diferença não significativa entre os diferentes ecossistemas deve-se à homogeneização do balanço hídrico. A aridez edáfica destes ecossistemas de glacis calcários é assim atenuada por trabalhos de conservação da água e do solo (subsolagem, criação de tabiques). Estes trabalhos favoreceram a infiltração das águas pluviais e de escoamento e aumentaram a capacidade de retenção do solo.**

Os níveis de produção de *Acacia saligna* nos ecossistemas da região de Matmata permanecem baixos (1 kg MS/ano a 3,3 kg MS/ano). No entanto, são influenciados pelo tipo de trabalho de preparação do solo efectuado. A produção mais elevada (3,3 kg MS/ano) é registada nos ecossistemas onde se praticam trabalhos de conservação da água e do solo (preparação das tabaias) e de subsolagem (GC4). Esta produção é cerca de 3 vezes superior à dos ecossistemas tratados com uma simples subsolagem (GC3) ou sem tratamento (GC5). A simples subsolagem melhora a produção em relação à ausência de tratamento (1,3 kg de MS/ano em relação a 1 kg de MS/ano). Para além dos trabalhos de conservação da água e do solo, a espessura da camada solta (20 cm a 60 cm) e a presença de um substrato a 60 cm de profundidade também melhoram os níveis de produção.

Embora a subsolagem e os trabalhos de conservação da água e do solo tenham

homogeneizado o balanço hídrico do solo e melhorado a infiltração da água, reduzindo assim a aridez edáfica, a produção de *Acacia saligna* continua a ser muito baixa (< 3 kg de MS/ano). Esta baixa produção pode ser explicada pelo teor de calcário ativo do solo (> 15%). Este arbusto é, portanto, sensível ao calcário. *A Acacia saligna* é, portanto, uma espécie calcária.

1.3. COMPORTAMENTO NOS ECOSSISTEMAS DE J'FARA7

A reafectação nesta região envolveu 12 ecossistemas localizados em 5 sectores ecológicos. A análise de variância dos dados mostra uma diferença muito significativa (alfa = 0,4%) entre as taxas de sucesso de *A. saligna* e uma diferença muito significativa (alfa = 0,1%) entre os níveis de produção.

A análise das taxas de sucesso nos ecossistemas da região de J'fara permite distinguir 3 grupos (Tab. 14). O primeiro grupo homogéneo é caracterizado por taxas de sucesso muito elevadas (81% a 98,5%), o segundo por taxas de sucesso relativamente elevadas (36,1% a 63,3%) e o terceiro por taxas de sucesso baixas (19,3% a 25,5%).

Por outro lado, a análise dos níveis de produção revela 6 grupos (Tab. 14). O primeiro grupo e o segundo são constituídos por um único tipo de ecossistema, com uma produção de 10 kg de MS/ano e 6 kg de MS/ano, respetivamente. O terceiro grupo homogéneo é constituído por três tipos de ecossistemas com produções que variam entre 3,7 kg MS/ano e 4,7 kg MS/ano. O quarto grupo é constituído por um único ecossistema (2,7 kg de MS/ano). Finalmente, o quinto e o sexto grupos são constituídos por três tipos de ecossistemas, com produções que variam sucessivamente de 1,3 kg de MS/ano a 1,5 kg de MS/ano e de 0,1 kg de MS/ano a 0,3 kg de MS/ano.

Quadro 14. Níveis de sobrevivência e produção de *Acacia saligna* nos ecossistemas de J'fara. Comparação pelo teste de Newman-Keuls (alfa = 5%)

Sucesso das plantas			Níveis de produção: (Biomassa descascada da árvore de biovolume médio)		
Tipo de ecossistema	Taxa (%)	Grupo de ambientes homogéneos	Tipo de ecossistema	kg MS/ano	Grupo de ambientes homogéneos
GC8	95,8	A	GC8	10,0	A
P5	90,0	A	D3	6,0	B
BMT2	87,5	A	P4	4,7	C
P4	81,0	A	BMT1	4,1	C
P3	63,3	B	GC7	3,7	C
D2	50,3	B	P3	2,7	D
GC6	45,7	B	D2	1,5	E
BMT1	42,2	B	BMT2	1,3	E
GC7	36,1	B	GC6	1,3	E
GG2	25,5	C	P5	0,3	F
D3	20,0	C	GG2	0,2	F
D4	19,3	C	D4	0,1	F

A maioria dos ecossistemas da região de J'fara caracteriza-se por uma taxa de sucesso superior a 40%. Estas taxas elevadas, como já foi referido para os ecossistemas das regiões ecológicas anteriores, são o resultado da preparação do solo e dos trabalhos de manutenção e de proteção das plantas (rega e replantação) efectuados durante os três primeiros anos após a plantação. Estes trabalhos contribuíram para a substituição das plantas em falta e para a homogeneização das reservas de água no solo. Nos ecossistemas halomórficos ou nos solos com uma camada salina solta, a rega periódica durante três anos permitiu a lixiviação dos sais em profundidade.

No entanto, o nível de produção de *Acacia saligna* nos ecossistemas desta região está ligado às caraterísticas físico-químicas do solo: espessura da camada solta, presença de um substrato impermeável a uma certa profundidade, presença ou ausência de calcário, gesso ou sais. Os ecossistemas mais favoráveis à produção deste arbusto alóctone são os caracterizados por uma camada de solo solto espesso a muito espesso (60 cm e 100 cm) sobre um substrato impermeável, de preferência calcário. Os ecossistemas com solos sem substrato, mesmo que a camada solta seja muito espessa (> 100 cm) e os caracterizados pela presença de um substrato calcário ou de gesso a uma profundidade inferior a 60 cm, não são muito favoráveis à produção de *Acacia saligna*.

Os factores que limitam a produção de *Acacia saligna* na região de J'fra são :
-   a presença de um substrato calcário ou de gesso a uma profundidade inferior a 60 cm (controlo da percolação da água em profundidade);
-   ausência de um substrato impermeável a uma profundidade de 100 cm (percolação da água em profundidade);
-   solos ricos em calcário ativo (> 15%);
-   a salinidade da camada mole (> 5 mS/cm), independentemente da sua espessura;
-   solos halomórficos.
A Acacia saligna é, portanto, um arbusto que não tolera os solos halomórficos. Teme os sais e o calcário ativo na camada solta, por mais espessa que seja.

1.4. COMPORTAMENTO NOS ECOSSISTEMAS DE OUARA

Cinco tipos de ecossistemas, situados em 3 sectores, foram redistribuídos nesta região ecológica. A análise da variância das taxas de sobrevivência e dos níveis de produção de *Acacia saligna* mostra diferenças muito significativas (alfa = 0,1%) entre ecossistemas (Tab. 15). Os grupos de meios homogéneos discriminados pelo teste de Newman-Keuls ao limiar de 5% de probabilidade são 3 para cada um destes parâmetros (Tab. 15).

Quadro 15. Níveis de sobrevivência e produção de *Acacia saligna* nos ecossistemas de Ouara. Comparação pelo teste de Newman-Keuls (alfa = 5%)

Sobrevivência das plantas			Níveis de produção: (Biomassa arbórea de biovolume médio)		
Tipo de ecossistema	Taxa (%)	Grupo de ambientes homogéneos	Tipo de ecossistema	Kg de DM/ano	Grupo de ambientes homogéneos
GG4	64,7	A	BMT3	3,4	A
GG3	54,3	A	GG3	1,9	B
BMT3	29,0	B	GG4	0,6	C
GC10	23,3	B	GC10	0,2	C
GC9	16,0	C	GC9	0,1	C

As taxas de sobrevivência *da Acacia saligna* são elevadas (64,7% e 54,3%) nos ecossistemas de crosta de gesso (GG4 e GG3). Nos ecossistemas dos terraços baixos e médios (BMT3) e do glaciar calcário com camadas soltas muito espessas (GC10) e espessas (GC9), as taxas de sobrevivência são baixas a muito baixas, sucessivamente 29%, 23,3% e 16%.

As baixas taxas de sobrevivência da *Acacia saligna* nos ecossistemas dos terraços baixos e médios e dos glaciares calcários cobertos por uma camada solta espessa a muito espessa não reflectem a realidade da resposta ecológica deste arbusto às condições ecológicas favoráveis destes ecossistemas, como acontece noutras regiões ecológicas. De facto, as acções antropozoicas sustentadas (corte ilegal e pastoreio) exercidas sobre estes ecossistemas são as causas destas baixas taxas de sucesso.

Ao contrário das taxas de sobrevivência, as caraterísticas geomorfológicas e edáficas têm um efeito na produção de *Acacia saligna* nos ecossistemas de Ouara. No entanto, esta permanece muito baixa, variando entre 0,1 kg MS/ano e 3,4 kg MS/ano, quaisquer que sejam as caraterísticas geomorfológicas e edáficas do ecossistema (Tab. 15). Os ecossistemas mais favoráveis à produção deste arbusto são os terraços baixos e médios dos wadis com uma camada solta de mais de 100 cm de espessura (3,4 kg MS/ano) e os glaciares de gesso cobertos por uma camada solta de terra de 20 cm de espessura (1,9 kg MS/ano). **Quer isto dizer que *a Acacia saligna* exerce uma força de extração superior à força de retenção de água da crosta de gesso?**

A produção nos ecossistemas sobre glacis calcários, qualquer que seja a espessura da camada solta, permanece muito baixa (< 0,6 kg de MS/ano).

Embora as condições geomorfológicas e edáficas da região ecológica de Ouara sejam semelhantes às das outras três regiões, o nível de produção de *Acacia saligna* permanece muito baixo (< 3,4 kg MS/ano). Parece, portanto, que as condições climáticas (baixa pluviosidade, temperaturas elevadas) e a evaporação e evapotranspiração elevadas são os factores que limitam a produção deste arbusto.

2. COMPORTAMENTO EM FUNÇÃO DAS CARACTERÍSTICAS BIOCLIMÁTICAS

Os ecossistemas afectados das zonas áridas e desérticas da Tunísia são influenciados por dois tipos de bioclima mediterrânico: o <u>árido inferior</u> e <u>o saariano superior</u>.

2.1. COMPORTAMENTO NO BIOCLIMA ÁRIDO INFERIOR

Os ecossistemas reafectados sujeitos a este tipo de bioclima com uma variação de temperado a quente são os das regiões ecológicas: Planícies do Sul, Matmata e J'fra. As caraterísticas salientes das condições climáticas durante a década 1980-1990 (ver Tab. 6 e 7) são :

- má distribuição intra e inter-anual;
- uma sucessão de anos secos: 2 anos em 3 ;
- seca climática e edáfica grave e prolongada, sucessivamente de 9 meses/ano a 11 meses/ano e de 7 meses/ano a 9 meses/ano;
- baixa pluviosidade mensal (0,7 mm a 41,4 mm);
- chuvas de outono ou de inverno;
- uma temperatura elevada e uma amplitude térmica elevada;
- procura evaporativa mensal muito elevada (87 mm a 375,6 mm);

Estas caraterísticas climáticas, que são implacáveis mesmo para as espécies autóctones, fazem com que *a Acacia saligna* esteja sujeita a um stress climático permanente. Este tipo de stress é acentuado pelo stress edáfico e fisiológico devido às caraterísticas físico-químicas do solo.

No bioclima de sub-bosque mediterrânico árido, a sobrevivência da *Acacia saligna* após 3 anos de trabalhos de manutenção (rega e replantação) depende geralmente da situação geomorfológica do ecossistema. As planícies, depressões, terraços baixos e médios e glaciares cobertos por uma camada solta espessa (> 60 cm) são os mais favoráveis ao estabelecimento e ao sucesso deste arbusto. A taxa de sobrevivência da *Acacia saligna* nestas condições é superior a 50% (Tab. 16). A localização na topossequência geral (planície) e as caraterísticas físicas do solo (espessura da camada mole) favorecem a infiltração e o armazenamento da água e melhoram o balanço hídrico (água da chuva e escoamento).

A presença de ecossistemas com caraterísticas geomorfológicas e edáficas diferentes no mesmo grupo estatisticamente homogéneo (planícies, depressões, glacis calcários, glacis de gesso) ou do mesmo tipo de ecossistema em grupos estatisticamente diferentes (Tab. 16) indica que o estabelecimento e a sobrevivência da *Acacia saligna* são muito pouco influenciados pelos factores geomorfológicos e edáficos. **Podemos, portanto, aceitar que *a Acacia saligna*, no bioclima mediterrânico árido inferior, se caracteriza por uma grande amplitude edáfica e uma plasticidade em relação a estes factores durante a fase de estabelecimento?**

A grande amplitude e plasticidade da *Acacia saligna* em relação aos factores geomorfológicos e edáficos, neste tipo de bioclima, são de facto o resultado, por um lado, dos trabalhos de preparação do solo e, por outro, da manutenção e proteção das plântulas (replantação e rega) que se realizam desde a plantação das plântulas até aos 3 anos de idade. A preparação do solo remove a crosta e a incrustação calcária ou gipsófila, a replantação substitui as plantas em falta e a rega periódica compensa a falta de água.

A salinidade do solo também não tem uma influência negativa sobre a taxa de sobrevivência da *Acacia saligna* no bioclima mediterrânico menos árido. De facto, em formações halomórficas (condutividade da ordem dos 20 mS/cm na estação quente e seca), a taxa de sobrevivência deste arbusto é muito elevada (> 80%). Neffeti et *al* (1990) relataram o mesmo fenómeno de resistência deste arbusto à salinidade durante a fase de estabelecimento. **Podemos, portanto, considerar *a Acacia saligna* como um arbusto tolerante à salinidade?**

Quadro 16. Taxa de sobrevivência e nível de produção *de Acacia saligna* no bioclima mediterrânico árido inferior

	Sobrevivência das plantas					Níveis de produção: (Biomassa descascada da árvore de biovolume médio)					
Ecossistema	Região ecológica	Precipitação média mm/ano	Evaporação média mm/ano	Taxa de sucesso % (%)	Grupo de ambientes homogéneos	Ecossistema	Região ecológica	Precipitação média mm/ano	Evaporação média mm/ano	Produtor. kg MS/ano	Grupo de ambientes homogéneos
GG2				95,8		P2	Planícies do Sul	173,6	2471,2	17,4	A
P5	J'fara	183,1	1 979,2	90,0	A	GC8				10,0	B
BMT2				87,5		D3	J'fara	183,1	1 979,2	6,0	
P4				81,0		P4				4,7	C
GC4	Matmata	195,0	2 040,7	70,3	B	GC2	Planícies do	173,6	2471,2	4,6	

Dl	J'fara	183,1	1 979,2	**69,0**	
GC5	Matmata	195,0	2 040,7	**68,7**	
P3	J'fara	183,1	1 979,2	**63,3**	
GC3	Matmata	195,0	2 040,7	**60,0**	
GCl	Planícies do Sul	173,6	2471,2	**52,5**	
D2	J'fara	183,1	1 979,2	**50,3**	C
GC6				**45,7**	
GGl	Planícies do Sul	173,6	2471,2	**42,7**	
BMTl	Sul			**42,2**	
GC7	J'fara	183,1	1 979,2	**36,1**	
GC2	Planícies do Sul	173,6	2471,2	**31,7**	D
GC8				**25,5**	
D3	J fara	183,1	1 979,2	**20,0**	E
D4				**19,3**	

BMTl	Sul			**4,1**	
GC7	J'fara	183,1	1 979,2	**3,7**	
GC4	Matmata	195,0	2 040,7	**3,3**	
Pl	Planícies do Sul	173,6	2471,2	**2,8**	D
P3	J'fara			**2,7**	
Dl	J'fara			**2,3**	
D2		183,1	1 979,2	**1,5**	
GC3	Matmata	195,0	2 040,7	**1,3**	
BMT2	J fara	183,1	1 979,2	**1,3**	
GC6	J fara			**1,3**	E
GCl	Planícies do Sul	173,6	2471,2	**1,1**	
GC5	Matmata	195,0	2 040,7	**1,0**	
P5	J'fara	183,1	1 979,2	**0,3**	
GGl	Planícies do Sul	173,6	2471,2	**0,2**	F

Esta hipótese é invalidada pelo facto de a rega periódica durante os primeiros três anos permitir a lixiviação dos sais em profundidade. A interrupção da rega após o terceiro ano de plantação conduz à morte da *Acacia saligna* instalada nestes tipos de solos salinos (CE > 5 mS/cm) e halomórficos (observações pessoais).

Por fim, constatamos que a presença de formações eólicas móveis (velas eólicas, lençóis de areia, micro e meso-dunas) tem um impacto negativo na taxa de sucesso (10% a 25%). Estas formações enterram as plantas jovens, que não apresentam as caraterísticas das espécies adaptadas às morfologias acentuadas do vento.

O nível de produção de *Acacia saligna* no tipo de bioclima mediterrânico árido inferior, ao contrário da sobrevivência, depende da situação geomorfológica e das caraterísticas físico-químicas dos solos (Tab. 16). Os ecossistemas de planície com uma camada solta muito espessa (> 100 cm) e os ecossistemas de glacis calcários com uma camada solta espessa (60 cm a 100 cm) coberta por morfologias eólicas fixas (micro e meso-nebkas) proporcionam o nível de produção mais elevado: 17,4 kg de MS/ano e 10 kg de MS/ano (Tab. 16). As morfologias eólicas fixas quadruplicaram o nível de produção da *Acacia saligna* em comparação com um ecossistema com uma camada solta da mesma espessura mas sem morfologia eólica: 17,4 kg de MS/ano em comparação com 4,6 kg de MS/ano (Tab. 16).

Nos ecossistemas de glacis calcários, mesmo que a camada solta seja espessa (60 cm a 100 cm), e nos ecossistemas de glacis de gesso sem camada solta, a produção de *Acacia saligna* é comprometida por níveis elevados de calcário ativo ou de gesso no solo. Os níveis de produção nestes tipos de ecossistemas são de 1,1 kg de MS/ano e 0,2 kg de MS/ano, respectivamente. Ao contrário da sobrevivência, a salinidade do solo é o fator limitante da produção de *Acacia saligna*. Os níveis de produção deste arbusto em ecossistemas salinos e em solos halomórficos no bioclima mediterrânico árido inferior não são estatisticamente diferentes dos registados em ecossistemas sem camada solta ou com uma camada solta fina (0 cm a 60 cm).

Embora a posição do ecossistema na toposequência geral (situação geomorfológica) e as suas caraterísticas físico-químicas no bioclima mediterrânico árido inferior não tenham uma influência muito significativa na taxa de sucesso e, consequentemente, no estabelecimento da _Acacia saligna_, devido ao trabalho envolvido na preparação do solo e na manutenção e salvaguarda das plântulas; No entanto, acentuam ou atenuam o stress hídrico e, consequentemente, têm um efeito sobre o nível de produção deste arbusto alóctone, introduzido para a reafectação dos ecossistemas no bioclima árido mediterrânico em geral.

2.2. COMPORTAMENTO NO BIOCLIMA DO ALTO SAARA

O bioclima mediterrânico saariano de sub-bosque superior cobre a região de Ouara. As caraterísticas ecológicas durante o decénio 1980-1990 (ver Tab. 6 e 7) eram as seguintes

- baixa precipitação média anual (95,2 mm) e precipitação mensal entre 1 mm e 21,1 mm;
- precipitação no inverno;
- evaporação média anual muito elevada (2721,8 mm) e evaporação mensal que varia entre 121,1 mm e 329,9 mm;
- um período seco de 12 meses/ano.

Estas condições climáticas, acentuadas pela aridez edáfica, estão demasiado afastadas das exigências da _Acacia saligna_, introduzida para reabilitar ecossistemas neste tipo de bioclima.

A sobrevivência e o estabelecimento da _Acacia saligna_ no tipo de bioclima mediterrânico superior saariano são condicionados pelas caraterísticas edáficas do ecossistema (ver Tab. 15), ao contrário do que acontece no bioclima mediterrânico inferior árido. Os ecossistemas com substratos de gesso são os mais favoráveis ao estabelecimento da _Acacia saligna_ (54,3% a 64,7%). Por outro lado, os ecossistemas com substratos calcários, mesmo aqueles com subsolo, parecem ser menos favoráveis ao estabelecimento e à sobrevivência deste arbusto (16% a 23%). Os ecossistemas dos terraços baixos e médios dos wadis, na ausência de atividade humana, são os mais favoráveis ao estabelecimento e à sobrevivência deste arbusto.

Embora a produção de _Acacia saligna_ no bioclima mediterrânico do Saara superior seja muito fraca (máximo 3,3 kg MS/ano), depende das condições edáficas do ecossistema (cf. Tab. 15). Os ecossistemas potencialmente favoráveis à produção deste arbusto são os terraços baixos e médios dos wadis. Os ecossistemas com uma camada solta muito espessa (> 100 cm), que poderiam também ser considerados como potencialmente produtivos, só permitem, no entanto, uma produção muito fraca (0,2 kg MS/ano). Esta produção não é significativamente diferente da registada nos ecossistemas sem camada solta ou com uma camada fina (0 cm a 60 cm).

Apesar das condições edáficas favoráveis, a produção vegetal de _Acacia saligna_ no bioclima do Sara é muito limitada (ver Tab. 15). Este facto deve-se às fortes limitações climáticas deste tipo de bioclima: baixa pluviosidade, elevada amplitude térmica, evaporação muito elevada e um período seco ao longo do ano.

No bioclima mediterrânico saariano, as condições climáticas, mais do que a situação geomorfológica e as caraterísticas edáficas, são os factores limitantes do estabelecimento, sucesso e produção da _Acacia saligna_.

DISCUSSÃO GERAL E AVALIAÇÃO DA REAFECTAÇÃO

As zonas áridas e desérticas da Tunísia estão expostas a três tipos de stress:

- **stress climático** devido a **(i)** baixa pluviosidade, **(ii)** procura evaporativa muito elevada e **(iii)** seca climática de 9 meses/ano a 12 meses/ano;

- **stress edáfico** (7 meses/ano a 9 meses/ano) que é uma consequência da situação geomorfológica e das caraterísticas físicas dos solos: glacis, crostas e crostas superficiais de calcário ou gesso ou calcairo-gesso.

- **stress fisiológico** devido às caraterísticas químicas do solo: sais, gesso e calcário. Para além destas tensões permanentes (climáticas, edáficas e fisiológicas), a maior parte dos arbustos alóctones introduzidos, incluindo *a Acacia saligna*, têm um ciclo de desenvolvimento primaveril e estival. Este ciclo não está em sintonia com os padrões de precipitação das zonas áridas e desérticas da Tunísia (outono-inverno-outono-primavera ou inverno-outono-primavera-verão). **Assim, as condições ecológicas das zonas áridas e desérticas tunisinas estão longe de satisfazer as exigências de estabelecimento, crescimento e produção dos arbustos alóctones.**

Os ecossistemas destinados à reafectação nestas zonas, onde a aridez climática e o stress fisiológico são omnipresentes ao longo de todo o ano, caracterizam-se geralmente por glaciares de erosão (calcário ou gesso), solos pobres com um horizonte superficial endurecido e solos que não são sequer propícios ao sucesso e à produção de espécies autóctones devido à aridez edáfica. De facto, mais de 2/3 (70%) da superfície dos ecossistemas destinados à reconversão nas zonas áridas e desérticas da Tunísia situam-se em glaciares de calcário ou de gesso. As situações geomorfológicas potencialmente favoráveis ao estabelecimento, à sobrevivência e à produção de arbustos introduzidos (planícies, solos profundos, depressões e terraços de wadi) representam apenas cerca de ¼ (24%).

Se a situação geomorfológica do ecossistema constitui um constrangimento importante para o sucesso da reafectação, a espessura da camada solta pode acentuar ou atenuar este constrangimento e, consequentemente, acentuar ou atenuar a seca edáfica. Nas zonas áridas e desérticas da Tunísia, cerca de 2/3 (61,9%) dos solos dos ecossistemas reafectados são caracterizados por uma fina camada solta (< 60 cm). Consequentemente, não são propícios ao estabelecimento, sucesso e produção de arbustos introduzidos.

O que é que vai acontecer aos ecossistemas das zonas áridas e desérticas da Tunísia?

No bioclima árido mediterrânico e saariano, o estabelecimento e a sobrevivência da *Acacia saligna* são relativamente independentes da natureza do solo no ecossistema. Por outras palavras, as caraterísticas edáficas (natureza e espessura da camada solta, natureza do substrato, salinidade) não têm uma grande influência no estabelecimento e sobrevivência deste arbusto. O mesmo se aplica a todas as espécies introduzidas.

Poderá este comportamento ser indicativo da "plasticidade" destes arbustos alóctones nas zonas desérticas áridas da Tunísia?

Esta hipótese não deve ocultar o impacto dos trabalhos de preparação do solo e, sobretudo, dos trabalhos de manutenção e proteção (rega e replantação) durante 3 anos consecutivos de plantação. Estes trabalhos escondem a influência da situação geomorfológica e das caraterísticas físico-químicas do solo no estabelecimento e na sobrevivência dos arbustos alóctones introduzidos em bioclimas áridos mediterrânicos e saarianos, e mesmo em bioclimas semi-áridos. Nestes tipos de bioclima, o estabelecimento e a sobrevivência dos arbustos alóctones e, por conseguinte, o sucesso da reafectação dos ecossistemas, são comprometidos pela situação geomorfológica e pelas caraterísticas edáficas seguintes:

-Gelo

-substrato calcário ou de gesso mais ou menos superficial (camada solta com menos de 20 cm de espessura) ;

morfologias eólicas móveis (manto de areia, véu eólico, micro e meso-dunas) que enterram as plantas jovens.

Os solos halomórficos e os solos com camadas salinas soltas parecem ser ambientes favoráveis à *Acacia saligna*. **Poder-se-á, portanto, assumir que este arbusto tolera os sais?** Neffeti et *al* (1990) e Zaâfouri et *al* (1991 e 1994), Zaâfouri (1993) referiram que *a Acacia saligna* pode suportar níveis de sais de cerca de 20 mS/cm no verão durante a fase de estabelecimento. **Esta tolerância, e não resistência, é de facto uma consequência da rega periódica e prolongada durante os primeiros três anos após a plantação.** Esta água lixivia os sais dos horizontes superficiais (0 cm a 80 cm), transportando-os em profundidade. Se a rega parar, a *Acacia saligna* em pé e quaisquer espécies introduzidas que não tolerem os sais murcharão e morrerão.

A produção dos arbustos alóctones introduzidos no bioclima mediterrânico árido sob o andar inferior, ao contrário do seu sucesso, está ligada à situação geomorfológica e às caraterísticas físico-químicas dos solos do ecossistema. A produção mais elevada do biovolume médio da árvore *Acacia saligna* (17,4 kg MS/ano) é observada nos ecossistemas dos sectores de planície onde a espessura da camada solta é de 150 cm coberta por meso-nebkas. Esta produção é muito mais elevada do que a registada no bioclima mediterrânico árido no sub-bosque superior sobre sedimentos (2,6 kg MS/ano) (Akrimi et *al.*, 1989) ou sobre um solo com uma camada solta muito espessa (> 100 cm) de textura silto-arenosa (10,8 kg MS/ano) (Ktata, 1986). No bioclima mediterrânico saariano, a produção deste arbusto é muito fraca, quaisquer que sejam as condições ecológicas do ecossistema (0,1 kg MS/ano a 3,4 kg MS/ano).

Assim, a questão que se coloca é a seguinte: é possível realocar os ecossistemas naturais das zonas áridas e desérticas da Tunísia utilizando arbustos não nativos?

No bioclima árido mediterrânico, é geralmente possível reafectar os ecossistemas por, mas em situações geomorfológicas e com caraterísticas edáficas específicas que são :

- posição na toposequência geral: planícies, depressões, terraços baixos e médios e leitos de wadi;
- cobertura do solo: uma camada solta com pelo menos 60 cm de espessura para os ecossistemas localizados em glaciares;
- a presença de um substrato impermeável a uma profundidade compreendida entre 60 cm e 100 cm ;
- um substrato de calcário ou de gesso, coberto por padrões de vento fixos ;
- baixos níveis de calcário ativo e gesso;
- um pH neutro a ligeiramente básico;
- salinidade muito baixa na camada mole (CE < 5mS/cm).

Infelizmente, as terras com estas caraterísticas são mais frequentemente reservadas à agricultura de subsistência (horticultura, arboricultura e cereais). Restam, no entanto, muito poucas opções para uma reafectação bem sucedida dos ecossistemas através da introdução de arbustos alóctones.

No bioclima do Sara, a reafectação dos ecossistemas naturais é mais problemática: uma taxa de sucesso relativamente elevada devido aos trabalhos de manutenção e conservação durante os primeiros anos, mas uma produção muito baixa.

Concluímos que o limite bioclimático para o sucesso da reafectação dos ecossistemas nas zonas áridas e desérticas da Tunísia é o sub-bosque inferior do bioclima mediterrânico árido. A precipitação é de pelo menos 150 mm/ano. Estas condições bioclimáticas e climáticas devem prevalecer sobre situações geomorfológicas e caraterísticas edáficas favoráveis à produção vegetal. Além disso, estas condições são cada vez mais utilizadas para a produção de culturas alimentares, como a arboricultura e a horticultura de regadio.

O êxito da técnica de reafectação dos ecossistemas naturais degradados ou desertificados nas zonas áridas e desérticas é geralmente problemático: os custos de investimento para a preparação do solo, a plantação e os trabalhos de manutenção e conservação são elevados. Por outro lado, a instalação, o sucesso e a produção de arbustos alóctones introduzidos nestas condições áridas e desérticas na Tunísia continuam a ser muito limitados.

BIBLIOGRAFIA

Akrimi N, 1986 -Rapport de mission au Brésil sur le *Prosopis* (25-28/9/1986). Conferência Internacional sobre Prosopis. Document interne de l'Institut des Régions Arides, Médenine, Tunisie : 97 p.

Akrimi N et **Zaâfouri M.S**, 1990 -Etude des arbustes fourragers les plus couramment utilisés dans la mise en valeur des régions arides tunisiennes : Description, écologie et techniques d'exploitation. Revista das Regiões Arides 1/90. Editions Institut des Régions Arides Médenine, Tunísia: pp. 4-83.

Akrimi N, **Zaâfouri M.S** e Neffeti M, 1995 -Végétation steppique nord-africaine. Seminário Internacional. Relação estepe-oásis nas zonas áridas do nordeste sahariano. (MED-CAMPUS). Universidade P. e M. Curie Paris/Universidade de Caen. França/Institut Régions Arides Médenine, Tunísia/N.S.R.C. Giza Cairo : 10 p.

Akrimi N, **Zaâfouri M.S**, Romdhanne A et Jeder H, 1996 -Caracterisation des ressources naturelles et des populations de la zone du Parc de Haddej. Editions de l'Observatoire du Sahara et du Sahel (OSS) : 40 p.

Amrani S, Noureddine N-E e Bhatnagar T, 2009 - Caraterísticas simbióticas e genotípicas de Rhizobia associadas a *Acacia saligna* (Labill.) Wendl. em alguns viveiros na Argélia. Ata Bot. Gallica. 156 (3) : pp. 501-513.

APG II (Angiosperm Phylogeny Group II), 2003 -Angiosperm Phylogeny Group -Uma atualização da classificação do Angiosperm Phylogeny Group para as ordens e famílias de plantas com flor. Botanical Journal of the Linnaean Society. Vol. 141 (4) : pp. 399-436.

APG III (Angiosperm Phylogeny Group III), 2009 -Angiosperm Phylogeny Group -Uma atualização da classificação do Angiosperm Phylogeny Group para as ordens e famílias de plantas com flor. Botanical Journal of the Linnean Society. Volume 161 (2) : pp. 105-121.

Aronson J, Floret Ch., Le Floc'h E, Ovalle C e Pontanier R, 1995 -Restoration and rehabilitation of degraded ecosystems in arid and semi-arid zones. In l'Homme peut-il refaire ce qu'il a défait. Jean Libbey Editions, Paris, França: pp. 11-29.

Asocar R, Mansilla A e Silva H, 1981: Método de estimacion de la fitomassa ytili de *Atriplex repanda*. Av. Prod. Anim. vol. 6 (1-2): pp 21-28.

Attia A, 1977 -Les hautes steppes tunisiennes : de la société pastorale à la société paysanne. Tese de doutoramento em Letras. Universidade de Paris VII, França. 400 p.

Auclair L et **Zaâfouri M.S**, 1996 -La sédentarisation des nomades dans le sud tunisien : comportements énergétiques et désertification. Sécheresse. Volume 7. N° 1. John Libby Editions, Paris, França: pp. 1-8.

Barbéro M, 1981 -Les frutacées de la région de la zone bioclimatique méditerranéenne à *Chêne pubscent* : structure, zonage, utilisation, protection et biomasse. Florestas Mediterrânicas. III (2): pp 101-114.

Baudin F, 1985 -Fitovolume, fitomassa e estratégia de ocupação espacial de seis espécies arbustivas em corta-fogos de Esterel. D.E.A d'Ecologie. Université d'Aix-Marseille III, França: 34 p.

Bendali F, 1987 -Dynamique de la végétation et mobilité du sable en Jeffara tunisienne. Tese de doutoramento. Faculté des Sciences et Techniques Languedoc, Montpellier, França: 243 p.

Bonneau M et Timbal J, 1973 -Définition et cartographie des stations. Conceitos franceses e estrangeiros. Anais das Ciências Florestais. Volume 30 (3) : pp 201-218.

Boudy P, 1950 -Economie forestière nord-africaine. Monografia e tratamento das espécies florestais. Tomo 2. Fascículo 1. Edições La Rose: 525 p.

Bourges J, Floret C et Pontanier R, 1975 -Etude d'une toposéquence type du sol tunisien "Djebel Dissa" : Les sols, ruissellement, bilan hydrique, érosion et végétation. Direção dos Recursos em Águas e em Solos, Minis. Agricultura, Tunísia. ES N° 93; 56 p.

CEE (Comunidade Económica Europeia), 1997 - Reabilitação de terras degradadas a norte e a sul do Sara. Utilização de leguminosas perenes e microrganismos associados para o estabelecimento de formações pluristrato. Relatório científico final. Centro de Estudos Fitossociológicos e Ecológicos Louis Emberger (CEPE), Montpellier, França. Montpellier, França/Office de Recherche Scientifique et Technique Outre-mer, Mission de Tunisie/Institut des Régions Arides, Médenine, Tunísia. 164 p.

Chaieb M, 1989 -Influência das reservas hídricas do solo no comportamento comparativo de algumas espécies vegetais da zona árida tunisina. Tese de doutoramento em Ciências. Université des Sciences et Techniques Languedocienne, Montpellier, França: 293 p.

Chaieb M, 1991 -Steppes tunisiennes : Etat actuel et possibilités d'amélioration. Sécheresse N° 2. Volume 2: pp. 95-99.

Cuénot A, em colaboração com Pottier-Alapetite G e Labbé A, 1954 -Flore analytique et synoptique de la Tunisie. Criptógamas vasculares, gimnospérmicas e monocotiledóneas. Imprimerie S.E.F.A.N : 287 p.

Chouaieb T, 1982 -Détermination de la production fourragère d'*Acacia cyanophylla* dans les périmètres sylvo-pastoraux de la zone aride tunisienne. Documento interno da Direção das Florestas, Ministério da Agricultura, Tunísia : 7 p.

Clément B et Touffet J, 1976 -Biomasse végétale aérienne et productivité des moes des Monts d'Arrée (Bretagne, France). Ata Oecológica. Oecologia Plantarum. Volume 11 (4) : pp 345360.

Coque R, 1962 -La Tunisie présaharienne : Etude géographique. Armand Colin Editions, Paris, França: 488 p.

Dagct Ph, 1977a -Le bioclimat méditerranéen : Caractéristiques générales et modes de caractérisation. Végétation. Volume 34 (1): 1-20.

Dagnelie P, 1975 - Teoria e métodos estatísticos. Aplicações agronómicas. Volume II: Les méthodes de l'inférence statistique. Edit. Presse Agron, Gembloux. A.S.B.L., Bélgica: 405 p.

Decourt N, Godron M, Romaine F et Tomassonne R, 1969 -Comparação de diversos métodos de interpretação estatística da ligação entre o meio e a produção de Pin sylvestre em Sologne. Annales des Sciences Forestières, França. Volume 6 (4): pp. 413-443.

Decourt N, 1973 a -Produção primária, produção útil: método de avaliação, índice de produtividade. Annales des Sciences Forestières, França. Volume 30 (3): pp 219-239

Dumancic D e Le Houérou H.N, 1981, *Acacia cyanophylla* as supplementary feed for sall stock in Libya. Jornal do ambiente árido. Volume 4: pp. 161-167.

Duvigneaud P, 1974 -La synthèse écologique : Populations, communautés, écosystèmes, biosphère et nanosphère. Editions Doin Paris, França: 296 p.

El Hamrouni A, 1992 -Végétation forestière et préforestière de la Tunisie. Tipologia e clcmcntos para a gestão. Revista das Regiões Arides, Médenine, Tunísia. N° spécial 6/94. Editions Institut des Régions Arides, Médenine, Tunisia: 299 p.

El Hamrouni A et Sarson M, 1975 a -Développement des cultures d'*Atriplex* en Tunisie depuis 1971. Boletim de Informação N° 18. Instituto Nacional de Investigação Florestal, Tunísia. : 20 p.

Emberger L, 1955 -Une classification biogéographique des climats. Revue et Travaux de Laboratoire de Botanique et de Zoologie. Serviço de Botânica. N° 7. Faculté des Sciences, Montpellier, França: pp. 3-43.

Etienne M, 1980 -Métodos não destrutivos de avaliação da biomassa dos arbustos. Ata Oecologica. Oecologica Plantarum. Volume 10 (2) : pp 115-128.

Evans F.C, 1956 -Ecosystems as the basic unit. Ciências da Ecologia. 123 : pp. 1127-1127.

FAO, 1982 - Instalações experimentais para ensaios de espécies e proveniências: estabelecimento e avaliação. Documento de Instrução Básica II. Projeto da FAO sobre Recursos Genéticos de Zonas Áridas e Semi-Áridas. FORM/9/1980: 220 p.

Felker P, Cannel G, Osborn J e Clarrk P, 1982 -Biomass estimation a young stand of Mesquite (*Prosopis*), ironwood (*Oluega testa*) palo verde an *Leucaena*. Journal of Range Management. Volume 35 (1) : pp 87-89.

Ferchichi A, 1999 -Les parcours de la Tunisie présaharienne : Potentialités, état de désertification et problématique d'aménagement. Options Méditerranéenne. IAM Zagros/Centro de Altos Estudos Agronómicos Mediterrânicos. No. 39: pp. 137-141.

Floret Ch., Le Floc'h E, Romane, F, Le Part J e David P, 1973 -Produção, sensibilidade e evolução da vegetação natural e do ambiente na Tunísia pré-saariana. Consequências para a planificação. Institut National de Recherche Agronomique, Tunis, Tunísia/Centre d'Etudes phytosociologiques et Ecologiques Louis Emberger, Montpellier, França. Documento N° 71 : 45 p.

Floret Ch., Le Floc'h E e Pontanier R, 1983 - Phytomass and plant production in pre-Saharan Tunisia. Ata Ecologia. Ecologia Plantarum. Volume 4 (18). No. 2: pp. 133-152.

Floret Ch., 1988 -Métodos de medição da vegetação pastoril. Pastoralismo e desenvolvimento. Institut Agronomique et Vétérinaire Hassen II, Rabat, Marrocos/Institut Agronomique Méditerranéen, Montpellier, França : 157 p.

Floret Ch. et Pontanier R, 1982 -L'aridité en Tunisie présaharienne. Climat, sol, végétation et aménagement. Travaux de l'ORSTO). Editions Office de Recherche Scientifique et Technique Outre-mer (ORSTOM), Paris, França: 543 pp.

Floret Ch. et Pontanier R, 1984 -Aridité climatique, Aridité édaphique. Boletim das Ciências Botânicas Francesas. N° 2/3/4 : pp. 265-275.

Feuillas D, 1979 - Méthodes et techniques d'estimation de la biomasse épigée des formations arbustives et leurs applications au maquis corse dans la vallée du Fargo. D.E.A d'Ecologie Végétale. Universidade de Paris-Sud, França: 51 p.

Franclet A e Le Houérou H.N, 1971 -Les Atriplexes en Tunisie et en Afrique du Nord. Relatório Técnico. N° 7. FAO, Roma, Itália. 178 p.

Gammar A.M, 1989 -Paléophlore tunisiennes et mise en place de la végétation actuelle. In. Ensaio de síntese sobre a vegetação e a fitoecologia tunisinas. I : Elementos de botânica e fitoecologia. Programa MAB: Flora e Vegetação da Tunísia. Volumes 4 a 6. Faculdade de Ciências de Tunis, Tunísia: pp. 195-233.

Garbaye J, Le Roy P, Le Facon F et Levy G, 1970 -Réflexion sur une méthode d'étude des relations entre facteurs écologiques et caractéristiques des peuplements. Annales des Sciences

Forestières, França. No. 27: pp. 304-317.

Godron M et Poissonet J, 1972 - Quatro temas complementares para a cartografia da vegetação e do ambiente: sequência da vegetação, diversidade da paisagem, velocidade de cicatrização, sensibilidade da vegetação. Bulletin de la Société Languedocienne de Géographie, Montpellier, França. Volume 6 (3): pp. 329-359.

Gounot M, 1969 -Méthodes d'études quantitatives de la végétation. Edições Masson et Cie, Paris, França: 314 p.

Hamza H, 1986 - Investigação sobre a *Acácia* na Tunísia para melhorar a produção florestal e pastoral e combater a desertificação. Seminário Internacional sobre a luta contra a desertificação. Jerba, Tunísia 24-28/11/1986: 7 p.

Jeder H, **Zaâfouri M.S**, Boukhchina R, Romdhane A, Talbi M, Ouled Belgacem A et Znati S, 2000 -Suivi à long terme de la biodiversité et de la population dans l'observatoire pilote de Haddej- Bou Hedma, Tunisie. Relatório científico. 1 [ère]fase do Projeto Rede de Apoio ao Observatório de Vigilância Ecológica a Longo Prazo (ROSELT). Institut des Régions Arides, Médenine, Tunísia/ROSELT/Observatoire du Sahara et du Sahel (OSS) : 50 p.

Karem A, 1984 -Contribution à l'étude du bilan fourrager des interventions dans les périmètres de Ouled Chraiet (Gafsa) : Evaluation de la production des parcours et des plantations de *Cactus inerme* et leur contribution à l'alimentation des animaux. [ème]Dissertação 3 ciclo. Instituto Agronómico e Veterinário Hassen II, Rabat, Marrocos: 137 p.

Karem A et Ktata T, 1986 -Etude de biomassa: determinação da produção de forragem por hectare de certas espécies pastoris em diversos parâmetros de parcelas melhoradas dos Governos de Sidi Bouzid, Sfax, Kasserine e Mahdia. Relatório Técnico. Direção das Florestas, Minis. Agricultura, Tunísia: 14 p.

Lamotte M, 1962 -Iniciation aux méthodes statistiques en biologie. 2 [ème]Edição. Masson et Cie, Paris, França: 144 p.

Le Floc'h E, 1979 -Elément pour une cartographie de l'occupation des terres en Tunisie aride et saharienne. Projeto TUN78/007. Programme des Nations Unis pour le Développement "PNUD"/Centre National de Recherches Scientifiques "CNRS", Montpellier, França/Institut des Régions Arides "IRA", Médenine, Tunísia: 27 p.

Le Houérou H.N, 1959 -Recherches écologiques et floristiques sur la végétation de la Tunisie méridionale. Instituto de Investigação Científica de Alger, Argélia. Mémoire n° 6. Volume 1: 281 p. Volume 2: 229 p.

Le Houérou H.N, 1969 -La végétation de la Tunisie steppique avec référence au Maroc, à l'Algérie et la Libye. Annales de l'Institut National de Recherche Agronomique, Tunísia. Volume 42, Fascículo 5 : 624 p.

Le Houérou H.N et Ionesco T, 1973 -Appétibilité des espèces végétales dans la zone aride de Tunisie. Documento de Trabalho. Projeto FAO/TUN/71/525 : 68 p.

Le Houérou H.N, 1980 -Les fourrages ligneux en Afrique du Nord. In Les fourrages ligneux en Afrique. Centro Internacional para a Criação de Animais em África, Adis Abeba, Etiópia: pp. 57-84.

Le Houérou H.N, 1995 -Bioclimatologie et biogéographie des steppes arides du Nord de l'Afrique. Options Méditerranéennes, série B. Estudos e Pesquisas. N° 10. Edições Centro Internacional de Altos Estudos Agronómicos e Médicos: 396 p.

Le Houérou H.N et Pontanier R, 1987 -Les plantations sylvopastorales dans la zone aride de

Tunisie. Nota técnica do MAB. N° 18 : 81 p.

Léone G, 1924 -Consolidamento ed imboschimento delle zone dunose della tripolitana. L'Agricultura Coloniala, Firense, Il alia. Vol. XVIII (9): pp. 299-308.

Le Tacon F, 1973 -Sol nutrition et production ligneuse. Anais das Ciências Florestais. Volume 30 (3): pp. 259-285.

Long G, 1974 -Diagnostic et aménagement du territoire. Tome I: Principes généraux et méthodes. Edições Masson et Cie, Paris, França: 256 p.

Long G, 1975 -Diagnostic et aménagement du territoire. Tomo II: Aplicação ao diagnóstico fitoecológico. Masson et Cie Editions, Paris, França: 217 p.

Mansouri Lahraoui M, 2011 -Produção de inóculo de Rhizobium associado à *Acacia saligna* para a revegetação da pedreira de Terga (Ain Témouchent). Mestrado. Université Oran 1-Ahmed Ben Bella, Argélia: 80 p.

Maslin B.R e Pedley L, 1982 -The distribution of *Acacia* (*Leguminosae: Mimosaceae*) in Australia. Parte 1: Mapas de distribuição das espécies. Notas de Investigação, Herbário da Austrália Ocidental. Vol. 6 : 1-1.

Maslin B.R, 2001a -Flora of Australian. Vol. 11A: *Mimosaceae, Acacia*. Parte 1. Publicação Australian Biological Resources Study, Camberra: 703 p.

Maslin B.R, 2001b -Flora of Australian. Vol. 11B: *Mimosaceae, Acacia*. Parte 2. Publicação Australian Biological Resources Study, Camberra: 562 p.

Maslin B.R, 2002 -**The** role and relevance of taxonomy in the conservation and utilization of Australian Acacias. Conservation Science West Australia 4 (3) : 1-9.

Manjauze A et le Houérou H.N, 1965 -Le rôle des *Opuntia* dans l'économie agricole nord-africaine. Boletim da Escola Nacional Superior de Agricultura de Tunis. N° 8-9 : pp. 85-164.

Monod T, 1974 -Notes sur quelques *Acacias* d'Afrique et du Proche-Orient. Bulletin de l'Institut de Recherche d'Afrique Noire. Tomo XXXVI. Série A. N° 3 : pp. 642-669.

Musset R, 1934 -Le régime pluviométrique de la France de l'Ouest. Bulletin de l'Association des Géographes Français. No. 79: pp. 68-71.

N.A.S, 1980 - Corpo de lenha: Arbustos e espécies para produção de energia. Academia Nacional de Ciências: 234 p.

Neffeti M, **Zaâfouri M.S** et Akrimi N, 1990 -Reprise et comportement de quelques espèces arbustives et petites pérennes en milieu aride (Station d'El Fjé, Médenine). Revista das Regiões Áridas 1/90. Editions Institut des Régions Arides Médenine, Tunísia: pp. 85-112.

Neffeti M Akrimi (N), Floret Ch. et Le Floc'h E, 1991 -Stratégie germinative de quelques espèces pastorales de la zone aride tunisienne. Conséquences pour le semis des parcours. [ème] Actas do IV Congrès International des Terres de Parcours, Montpellier, França, 22-26/4/1991 : 15 p.

ODS (Office de Développement du Sud, Médenine, Tunísia), 2021 - As províncias de Gafsa, Gabès, Médenine e Tataouine em números. Sítio Web do ODS.

Ouled Belgacem A et **Zaâfouri M.S**, 1997 -Impact de la privatisation des terres de parcours collectifs sur la végétation pastorales en zone désertique tunisienne. Options Méditerranéennes, Série A. N° 32. CIHEAM/IAM Montpellier, França. Editores científicos BOURBOUZE, MSIKA, NASR e ZAAFOURI: pp. 213-2017.

Pardé J, 1961 -Dendrometria. Imprensa Louis-Jean. Cabo: 350 p.

Passavalli F, 1935 -Due importanti *Acacia* da rimboschimonto per le sabbie libiche.

L'Agricultura Coloniala, Firense, II alia. Vol. XXIX (6-7): pp. 299-310.

Peters J, 1974-Inventaire. Publicações Ecole Nationale Forestière d'Ingénieurs Salé, Marrocos: 164 p.

Picouet M, Sghaier M et **Zaâfouri M.S**, 1998 -Relation population-environnement en Tunisie désertique. Revista Espace Populations Sociétés. 1998-1 : pp. 53-65.

Poissonet J, Toure I, Gillet H e Cabaret M, 1985 -Metodologia para o estudo das pastagens do Sahel. Forum Aménagement Pastoral Intégré au Sahel, Dakar, Senegal: 27 p.

Pottier-Alapetite G, 1979 -Flora da Tunísia. Angiospérmicas, Dicotiledóneas. Tomo I : Apétalas- Dialipétalas. Imprensa Oficial da República Tunisina : 652 p.

Pottier-Alapetite G, 1981 -Flora da Tunísia. Angiospérmicas, Dicotiledóneas. Tomo II : Gamopétalas. Imprensa Oficial da República da Tunísia: pp. 655-1190.

Rol R, 1954 -Le forestier devant la phytosociologie. Documento da Escola Nacional de Génese Rural, Água e Floresta: 25 p.

Saghiri A, 1991 -Sédimentation et morphogenèse au Néogène-Quaternaire dans le Sud-Ouest tunisien. Tese de doutoramento. Universidade de Estrasburgo. França : 238 p.

Sarson M et Salmon P, 1977 -Composition chimique et valeur alimentaire de certaines plantes forestières spontanées ou introduites au Maroc. Nota técnica: 16 p.

Schönenberger A, 1971 -Premiers renseignement des arboretums forestiers en Tunisie. Relatório técnico nº 5. Institut de Reboisement, Tunis/FAO : 178 p.

Schönenberger A, 1986a -Premier rapport phytoécologique sur la forêt du Parc National de Bou-Hedma, et de sa région et l'autoécologie des principales espèces pastorales du Sud tunisien. Cooperação Técnica Tuniso-Alemã. Projeto GIZ/Diretion des Forêts. Ministério da Agricultura, Tunísia: 44 p.

Schönenberger A, 1986b -Projeto de gestão e de exploração dos recursos naturais do Parque Nacional de Bou-Hedma e da sua região. Cooperação Técnica Tuniso-Alemã. Projeto GTZ/Diretion des Forêts. Minis. Agri, Tunísia. N° 82. 2045. 1-01. 100 : 44 p.

Schönenberger A, 1987 -Deuxième rapport phytoécologique sur les Parcs Nationaux du Sud. Melhoramento das pastagens naturais nas zonas do Sara e espécies argelino-marroquinas susceptíveis de serem introduzidas na Tunísia. Cooperação técnica tunisino-alemã. Projeto GTZ/Diretion des Forêts. N° 82. 2045. 1-01 : 100. 26 p.

Sethom (H), 1979 -Les tentatives de remodelage de l'espace tunisien depuis l'indépendance. Mediterrâneo, n° 1 e 2 : pp. 119-125.

Tansley A.G, 1935 -The use and abuse of vegetational concepts and terms. Ecologia. 16 : pp. 284307.

Tbib A, Chaieb M et **Zaâfouri M.S**, 2000 -**Manifestation** des perturbations écologiques face à l'anthropisation des milieux arides tunisiens : Caso de Menzel Habib. Actas do Congresso Internacional MEDENPOP 2000: Population Rurale et Environnement en Contexte Bioclimatique Méditerranéen. Institut des Régions Arides, Médenine/Secrétariat d'Etat à la Recherche Scientifique et Technologique, Tunísia/Institut de Recherche pour le Développement, França. Jerba 25-28 de outubro de 2000, 10 p.

IUCN (União Internacional para a Conservação da Natureza), 1997 -Red List of Thraetened Plants. K.S. Walter e H.J. Gillett Edição: 682 p.

IUCN (União Internacional para a Conservação da Natureza), 1998 - The world list of threatened trees world conservation. S. Oldfield, C.A. Lusty e A. MC Kinver Edição: 650 p.

Vassal J, 1972 -Apport des recherches ontogénétiques et sémiologiques à l'étude morphologique, taxonomique et phylogénique du genre *Acacia*. Bulletin de la Société d'Histoire Naturelle Toulouse.108 (1-2) : pp. 125-247.

Vassal J, 1984-Les *Acacia* (*Mimosa*) en régions méditerranéennes françaises. Compte Rendu de la Société de Biogéographie, França. Volume 16 (1): pp. 19-35.

Visser M, *Nasr N* e **Zaâfouri M.S**, 1997 -Que investigação *(agro-) pastoral no quadro das mutações agrícolas?* Options Méditerranéennes, Série A. N° 32. CIHEAM/IAM, Montpellier, França. Editores científicos BOURBOUZE, MSIKA, NASR e ZAAFOURI: pp. 227-252.

Zaâfouri M.S, 1989 -Caracterização florística e pedológica de uma toposequência da zona árida tunisina com vista à instalação de espécies arbustivas forrageiras. Resultados preliminares de ensaios. D.E.A d'Ecologie des Ecosystèmes Méditerranéens Continentaux. Faculdade de Ciências e Tecnologia de Saint-Jérôme, Marselha. Universidade de Direito, de Economia e de Ciências de Aix-Marseille, França: 61 p.

Zaâfouri M.S, Akrimi N, Pontanier R et Zemzemi J, 1991 -Recherches des conditions écologiques optimales de réussite d'arbustes fourragers en zone aride tunisienne : Cas d'*Acacia cyanophylla* Lindl. [ème]Actas do IV Congresso Internacional de Terras de Parcours. Volume 1. pp. 244-247.

Zaâfouri M.S, 1993 -Contraintes du milieu et réponses de quelques espèces arbustives exotiques introduites en Tunisie présaharienne. Tese de doutoramento em Ciências: Biologie des Population et Ecosystèmes. Faculdade de Ciências e Tecnologia de Saint-Jérôme, Marselha. Université de Droit, d'Economie et des Sciences d'Aix-Marseille III, França: 202 p.

Zaâfouri M.S, Akrimi N, Le Floc'h E et Zouaghi M, 1994a -Développement d'une approche méthodologique d'évaluation des performances des arbustes fourragers. Options Méditerranéennes. Volume 62. Editions Centre International des Hautes Etudes Agronomiques Etudes Méditerranéennes : pp. 481-484.

Zaâfouri M.S, Akrimi N, Floret Ch., Le Floc'h E et Pontanier R, 1994b -Les plantations sylvopastorales en Tunisie présaharienne. Sécheresse N° 5. Volume 4: pp. 265-275.

Zaâfouri M.S, Akrimi N, Floret Ch, Le Floc'h E et Pontanier R, 1995 -Les arbustes fourragers exotiques. Leur intérêt pour la réaffectation des terres dégradées des régions arides et désertiques tunisiennes. In L'Homme peut-il refaire ce qu'il a défait? Edições John Libbey: pp. 211-229.

Zaâfouri M.S, Nasr N et Jeder H, **1997** -L'attribution des terres collectives et plantations sylvo- pastorales en Tunisie aride et désertiques. Options Méditerranéennes. Série A. N° 32. CIHEAM/IAM Montpellier, França. Editores científicos BOURBOUZE, MSIKA, NASR e ZAAFOURI: pp. 219-226.

Zaâfouri M.S, 1998 -Inventaire du patrimoine végétal naturel et caractérisation des espèces rares du Sud-Est de la Tunisie. Relatório de consulta. Ministério do Ambiente e do Ordenamento do Território. Tunísia/Institut National de Recherche en Génie Rural, Eaux et Forêts. Tunísia: 50 p.

Zaâfouri M.S e Chaieb M, 1999 - Árvores e arbustos do sul da Tunísia ameaçados de extinção. Ata Botanica Gallica. Volume 146 (4) : pp. 361-371.

Zaâfouri M.S, Chokri F e Chaieb M, 2016 -Les systèmes écologiques de la région de Gammouda : Etat de connaissance et dynamique au cours de ¾ de siècle (1940-2015). Boletim de Ciências e Técnicas (ISSN 2534-8256). Editions Faculté des Sciences et Techniques de Sidi Bouzid. N° Spécial 2/2016 : pp. 1-78.

Zaâfouri M.S, 2020 -La forêt-Steppe de Gommier de la Tunisie présaharienne à base d'*Acacia tortilis*. Editions Universitaires Européennes (ISBN: 978-620-2-53936-4): 233 p.

Zaâfouri M.S, 2023 -La forêt-steppe d'*Acacia tortilis* (*A. raddiana*) de la Tunisie : Caractérisation, Altération et Dynamique. Edit. Universitaires Européennes (ISBN : 978-620-3-45787-2) : 300 p.

Mohamed Sghaïer ZAÂFOURI

-Nascido em 5 de janeiro de 1953 na aldeia de Zaâfria, Sidi-Bouzid, Tunísia
-Residência: Cité Al Wroud, Avenue Yasser Arafat, Sidi-Bouzid.
Endereço de correio eletrónico: mszaafouri@gmail.com
-Telefone: (+216) 99217474

Engenheiro-Doutor-Professor no Ensino Superior Agrário
Antigo reitor e diretor-geral dos estabelecimentos de ensino superior e de investigação científica de Sidi- Bouzid, Tunísia (1999-2017)
Licenciado em :
-Universidade de Cartago-Tunis, Tunísia :
Habilitação em Ciências Agronómicas: Engenharia Rural, Hídrica e Florestal (2001).
-Universidade de Direito, de Economia e de Ciências Aix-Marseille III, França :
Doutoramento em Ciências Biológicas: Biologia das Populações e dos Ecossistemas (1993)
Diplôme d'Etudes Approfondies em Ecologia: Ecossistemas Mediterrânicos Continentais (1989)
-Ecole Nationale Forestière d'Ingénieurs de Salé, Marrocos:
Licenciatura em Engenharia: Águas e Florestas (1985)
-Instituto Sylvo-Pastoral de Tabarka, Tunísia:
Diplôme de Technicien Supérieur: Silvicultura (1977)
Professor-investigador (1985-2018) nos Estabelecimentos de Ensino Superior e de Investigação Científica, Tunísia:
-Faculdade de Ciências e Tecnologia de Sidi-Bouzid
-Instituto Superior de Estudos Tecnológicos de Beja
-Instituto Superior de Estudos Tecnológicos de Sidi-Bouzid
Faculdade de Ciências -Sfax
-Faculdade de Ciências de Gafsa
-Instituto Superior de Estudos Tecnológicos de Kébili
-Centro Regional de Investigação e Desenvolvimento Agrícola do Centro-Oeste (atualmente Centro de Investigação Agrícola), Sidi-Bouzid
-Instituto das Regiões Áridas Médenine
Docente na Faculdade de Ciências e Tecnologia de Sidi Bouzid. Universidade de Kairouan, Tunísia (2018-2020)
Diretor das unidades de investigação :
-Valorização e otimização da exploração dos recursos (*UR/16 MES 04*). Faculdade de Ciências e Tecnologia
Técnicas de Sidi-Bouzid. Universidade de Kairouan, Tunísia (2015-2018)
-Dinâmica dos ecossistemas terrestres em zona árida *(04/UR/09-02)*. Faculdade de Ciências de Sfax.

Universidade de Sfax, Tunísia (2009-2012)

Membro de vários laboratórios de investigação (1995-2015)

Perito da Direção-Geral da Investigação Científica. Ministério do Ensino Superior e da Investigação Científica, Tunísia.

Membro da Comissão Sectorial e da Comissão de Recrutamento de Docentes (2010-2018): Ciências Agronómicas e Agroindustriais/Ciências Biológicas e Ecologia.

Fundador-Diretor e Presidente do Comité Científico da revista: *Bulletin des Sciences et Techniques* (*ISSN 2532-8256*)**. Edi. Faculdade de Ciências e Técnicas de Sidi-Bouzid. Universidade de Kairouan, Tunísia (2015-2020)**

Co-editor científico e membro dos comités científicos de várias revistas internacionais e nacionais e de conferências internacionais e nacionais (1994-2000)

Coordenador e membro de vários projectos de investigação internacionais e nacionais (1988-2000)

Publicações: 2 livros + 7 contribuições para livros + 34 artigos científicos em revistas, simpósios e conferências.

Seminários internacionais e nacionais + 5 dissertações (2 teses + 1 diploma de pós-graduação + 2 dissertações de fim de curso)

Realização de uma dezena de estudos no domínio do ambiente e do desenvolvimento sustentável

Chefe dos serviços gerais do Institut des Régions Arides, Médenine (1994-1998)

Presidente da Câmara da cidade de Sidi-Bouzid, Tunísia (2005-2010)

Diretor do Festival Cultural de Sidi-Bouzid, Tunísia (2008-2010)

Membro de algumas associações de proteção da natureza

Printed by Books on Demand GmbH, Norderstedt / Germany